Sprechstunde Bachelorarbeit und Masterarbeit

Vera Spillner

Sprechstunde Bachelorarbeit und Masterarbeit

In 10 Schritten ohne Stress und Zweifel zum Erfolg bei wissenschaftlichen Arbeiten

Mit Schmuckbildern von www.midjourney.com

Vera Spillner
Fakultät Druck und Medien
Hochschule der Medien Stuttgart
Stuttgart, Baden-Württemberg, Deutschland

ISBN 978-3-658-41430-6   ISBN 978-3-658-41431-3 (eBook)
https://doi.org/10.1007/978-3-658-41431-3

Die Deutsche Nationalbibliothek verzeichnet diese Publikation in der Deutschen Nationalbibliografie; detaillierte bibliografische Daten sind im Internet über http://dnb.d-nb.de abrufbar.

© Der/die Herausgeber bzw. der/die Autor(en), exklusiv lizenziert an Springer Fachmedien Wiesbaden GmbH, ein Teil von Springer Nature 2023

Das Werk einschließlich aller seiner Teile ist urheberrechtlich geschützt. Jede Verwertung, die nicht ausdrücklich vom Urheberrechtsgesetz zugelassen ist, bedarf der vorherigen Zustimmung des Verlags. Das gilt insbesondere für Vervielfältigungen, Bearbeitungen, Übersetzungen, Mikroverfilmungen und die Einspeicherung und Verarbeitung in elektronischen Systemen.
Die Wiedergabe von allgemein beschreibenden Bezeichnungen, Marken, Unternehmensnamen etc. in diesem Werk bedeutet nicht, dass diese frei durch jedermann benutzt werden dürfen. Die Berechtigung zur Benutzung unterliegt, auch ohne gesonderten Hinweis hierzu, den Regeln des Markenrechts. Die Rechte des jeweiligen Zeicheninhabers sind zu beachten.
Der Verlag, die Autoren und die Herausgeber gehen davon aus, dass die Angaben und Informationen in diesem Werk zum Zeitpunkt der Veröffentlichung vollständig und korrekt sind. Weder der Verlag noch die Autoren oder die Herausgeber übernehmen, ausdrücklich oder implizit, Gewähr für den Inhalt des Werkes, etwaige Fehler oder Äußerungen. Der Verlag bleibt im Hinblick auf geografische Zuordnungen und Gebietsbezeichnungen in veröffentlichten Karten und Institutionsadressen neutral.

Foto Vera Spillner: Rolf-G. Hobbeling
Coverbild: www.midjourney.com

Planung/Lektorat: Rolf-Guenther Hobbeling
Springer ist ein Imprint der eingetragenen Gesellschaft Springer Fachmedien Wiesbaden GmbH und ist ein Teil von Springer Nature.
Die Anschrift der Gesellschaft ist: Abraham-Lincoln-Str. 46, 65189 Wiesbaden, Germany

Geleitwort

Die Abschlussarbeit eines jeden Studiums, seit der Bologna-Reform auch im Deutschen meist als *Thesis* bezeichnet, ist ein wichtiges Projekt und idealerweise der krönende Abschluss des Studiums. Nach vielen Gruppenarbeiten im Verlauf des Studiums ist die Thesis ein individuelles Vorhaben, nicht nur deswegen ist sie meist auch emotional herausfordernd. Entscheidungen treffen, deren Auswirkungen bedenken, sich dann aber doch unvorhersehbaren Wendungen stellen, Durchhaltevermögen beweisen – all das erfordert eine gewisse Robustheit und die notwendige Resilienz nach kleinen Misserfolgen. Dadurch steht die Arbeit an einer Thesis auch stellvertretend für den Beruf, der auf sie folgt und alle Aufgaben, die damit verbunden sein werden. Eine erfolgreiche Thesis – und das meint hier nicht primär die Note – ist ein persönlicher Erfolg, ein überwundenes Hindernis, ein Stück Selbstwirksamkeit, das Zuversicht und Sicherheit gibt für den kommenden Job.

Auch wenn die Thesis ein individuelles Vorhaben ist, so muss doch niemand dabei allein sein. Neben den üblichen akademischen Betreuer*innen nehmen Freunde und Familie meist viel Anteil an der Entstehung dieses Werks. Diese Zuwendung kann noch ergänzt werden durch die Erfahrungen von Anderen: älteren Geschwistern, höheren Semestern und natürlich auch von Professor*innen.

Das vorliegende Buch stammt mitten aus der Praxis einer Hochschule für Angewandte Wissenschaften. Es stammt von einer Professorin, die viele Studierende und Abschlussarbeiten betreut und die selbst viel schreibt. Vera Spillner war früher Lektorin und hat damals viele Autor*innen beim Verfassen ihrer Werke begleitet. In dieses Buch ist neben ihrer vielfältigen Erfahrung und Expertise auch viel Herzblut geflossen.

Ich wünsche allen Leserinnen und Lesern, dass sie all dies inspiriert, leitet, ermutigt und zum Ziel führt. Der Erfolg, den wir Ihnen allen wünschen, ist dann Ihr ganz persönlicher – aber auf dem Weg dorthin sind wir gerne an Ihrer Seite.

Hochschule der Medien, Stuttgart Prof. Dr. Okke Schlüter
Studiengangsleiter Mediapublishing

Vorwort

Geht es Ihnen auch so, dass Ihre Bachelor- oder Masterarbeit wie ein Berg vor Ihnen liegt? Haben Sie viele Fragen und wissen Sie gar nicht recht, wie Sie anfangen sollen? Sind Sie vielleicht schon unter Zeitdruck und die Hütte brennt? Dann sind Sie hier genau richtig.

In diesem Buch zeige ich Ihnen kurz und knapp, wie Sie Ihre Bachelorarbeit oder Masterarbeit ganz konkret im vorgegebenen Zeitrahmen umsetzen. Sie werden sehen, dass eine Bachelorarbeit überhaupt kein Hexenwerk ist, sondern im Grunde super easy. Und die Masterarbeit ist hauptsächlich doppelt so lang.

Ein kleiner Dank
Bevor wir loslegen, möchte ich mich für die tolle Unterstützung durch meinen Lektor Rolf-Günther Hobbeling bedanken, der mich bei Springer Nature wie immer genial betreut hat.

Danke auch an alle Studierenden, die dieses Buch unterstützt haben, mit Fragen, Feedback und Ideen!

Und natürlich vielen Dank an meine Kollegen, Kolleginnen, Freunde, Freundinnen und meine Familie für die tolle Unterstützung!

Vera Spillner

Inhaltsverzeichnis

1	**So können Sie dieses Buch nutzen**	1
	Erstmal herzlich willkommen!	2
	Wie Sie am besten mit dem Buch arbeiten	4
	Für wen das Buch geschrieben ist	6
2	**Schritt 1: Thema und Forschungsfrage finden**	9
	Vorab Extra-Infos für die Masterarbeit	12
	Wir finden Ihre persönliche Forschungsfrage	13
	Brücken zwischen Themen bauen und Thema zuspitzen	17
	Wie Sie Ihre Forschungsfrage machbar formulieren	19
	Wie Sie Ihre Forschungsfrage weiter zuspitzen durch Wahl einer Methodik	21
	Wie Sie Ihre Forschungsfrage zuspitzen mithilfe eines Trends	23
	Wie Sie eine Forschungsfrage formulieren durch einen Vergleich	24
	Achtung: Wie Forschungsfragen nicht lauten sollten	26
	Ihr persönlicher Forschungsfragen-Finder	28
	Unterschied Thema und Forschungsfrage	35
	Das Gespräch mit Ihren Betreuenden suchen	36
	Übergang in den nächsten Schritt	36
3	**Schritt 2: Die Methode – Wie Sie Ihre Forschungsmethode wählen**	39
	Vorab Extra-Infos für die Masterarbeit	41
	Methode 1: Die qualitativ-quantitative oder vergleichende Inhaltsanalyse	42

Ihre Stichprobe definieren	43
Ihre Kategorien definieren	46
Ein Negativbeispiel: Zu viele Kategorien und keine Kodierung	47
Untersuchungszeitraum oder Reichweite festlegen	49
Die Untersuchung durchführen	50
Konkrete Beispiele, falls Sie diese Methode wählen möchten	51
Hypothesen formulieren	54
Die Auswertung der Ergebnisse	55
Stolperfallen, die Sie vermeiden sollten	57
Vertiefung: Inhaltsanalyse nach Mayring	58
Hilfreiches Video	62
Methode 2: Experten- und Expertinneninterviews	63
Die Methode in einer Nussschale	63
Die Auswahl der InterviewpartnerInnen	64
Hypothesen formulieren	67
Die Auswertung der Interviews in mehr Detail	67
Stolperfallen, die Sie vermeiden sollten	68
Methode 3: Die Umfrage	69
Die 6 häufigsten Stolpersteine	70
Was bei Ihrer Stichprobe zu beachten ist	72
Die Umfrage als „zusätzliche" Methode	73
Hypothesen formulieren	75
Fazit	75
Methode 4: Der Prototyp	75
Spannende Methode bei externer Zweitbetreuung	77
Oft erfolgreich: Methode 1 & 4 kombinieren	79
Empfehlung: Design Thinking	79
Stolperfallen, die Sie vermeiden sollten	81
Methode 5: Die Eigendefinition	81
Eine Definition entwickeln	82
Ihre Definition anwenden	83
Wie Sie Ihre Forschungsfrage und Methode kombinieren	84
Weiterführende Literatur	85
4 Schritt 3: Ihre Hypothesen formulieren	**87**
Vorab Extra-Infos für die Masterarbeit	89
So formulieren Sie Ihre Hypothesen richtig	89
Negativbeispiele: So bitte nicht	91

	Crashkurs „Mittelwert-Bilden"	94
	Ihre Hypothesen korrekt diskutieren	96
	Hypothesen-FAQ	97
	Hypothesen-Finder: Konkrete Anleitung	97
	Ihr persönlicher Hypothesen-Finder	101
	Weiterführende Literatur	103
5	**Schritt 4: Ihre Einleitung planen**	**105**
	Vorab Extra-Infos für die Masterarbeit	107
	Was schreibe ich bloß? Über Forschungsfrage und Hypothesen	107
	Woher bekomme ich die Informationen?	111
	Darf ich Wikipedia nutzen?	113
	Plagiat vermeiden	115
	Plagiat-FAQ/Richtig zitieren	115
	Ihre Forschungsfrage motivieren	118
	Ihre Hypothesen motivieren	119
	Wie formuliere ich richtig? Ich, wir, man…?	121
	Baukasten für den ersten Absatz Ihrer Einleitung	121
	Weiterführende Literatur	123
6	**Schritt 5: Ihr Exposé schreiben**	**125**
	Vorab Extra-Infos für die Masterarbeit	127
	Aufbau des Exposés	127
	Konkretes Beispiel-Exposé	128
	Mein Exposé ist fertig – was jetzt?	134
	Weiterführende Literatur	135
7	**Schritt 6: Erst- und Zweitbetreuende suchen**	**137**
	Vorab Extra-Infos für die Masterarbeit	139
	Erstbetreuende klug aussuchen	139
	Zweitbetreuung klug ergänzen	140
8	**Schritt 7: Das Formale richtig machen: Von der Gliederung bis zum Zitat**	**143**
	Vorab-Info für die Masterarbeit	145
	Das Format Ihrer Arbeit	145
	Die Abschnitte Ihrer Arbeit	146
	Deckblatt	148
	Eidesstattliche Erklärung, dass man die Arbeit selbst verfasst hat	148
	Zusammenfassung (dt./eng.)	148

	Inhaltsverzeichnis, Glossar, Abkürzungsverzeichnis	149
	Erstes Drittel: Einleitung	149
	Mittelteil A: Vorstellung der Methode	150
	Mittelteil B: Ergebnisse	150
	Letztes Drittel: Diskussion und Auswertung der Hypothesen	151
	Fazit und Ausblick	153
	Quellenverzeichnis, Abbildungsverzeichnis, weitere Daten	154
	Rechtschreibkorrektur	154
	Umgang mit ChatGPT und verwandten KIs	155
	Wissenschaftliches Arbeiten im Überblick: Frau Dr. Mai's strenge formale Schule!	156
	Wissenschaftliches Arbeiten – was heißt das eigentlich?	157
	Am Anfang war das Wort: Die Literatur- und Quellenrecherche	158
	Bring' Ordnung ins Chaos: Die Quellen- und Literaturverwaltung	162
	Der Aufbau einer wissenschaftlichen Arbeit	162
	Aber was war das doch gleich mit dem Zitieren?	163
	Das Quellenverzeichnis	167
	Die richtige „Kosmetik"	169
	Zu guter Letzt	171
9	**Schritt 8: Schreibphase meistern**	**173**
	Vorab Extra-Infos für die Masterarbeit	175
	Ihre Zeit knallhart einteilen	175
	Was mache ich wann?	178
	Was, wenn ich nicht mit Plänen arbeiten kann?	180
	Schreibblockade: Was tun?	181
	Was, wenn ich nicht weiß, was ich schreiben soll?	183
	Was ist, wenn ich schlechte Laune bekomme?	183
	Ich hänge in der Zeit, was tun?	184
	Keine Zeit mehr fürs Korrekturlesen?	184
10	**Schritt 9: Diskussion der Ergebnisse, kritische Reflexion und Ausblick**	**187**
	Vorab Extra-Infos für die Masterarbeit	189
	Themen für Ihre Diskussion	189
	Kritische Fragen: Konkrete Anleitung	192
	Weiterführende Literatur	193

11 Schritt 10: Abschluss, Abgabe und Verteidigung — 195
Vorab Extra-Infos für die Masterarbeit — 197
Worauf Sie achten müssen — 197
Ich habe abgegeben – und jetzt? — 198
Wenn nötig: Verteidigung vorbereiten — 198
Hurra, geschafft! — 199
Weiterführende Literatur — 199

Über die Autorin

Vera Spillner ist von Hause aus Theoretische Physikerin und promovierte Philosophin. Als Professorin für Verlagsmanagement an der Hochschule der Medien in Stuttgart ist sie unter den Studierenden als Betreuerin für Bachelorarbeiten und Masterarbeiten sehr beliebt. In unzähligen betreuten Arbeiten hat sie die typischen Fragen und Stolperfallen kennengelernt und unterstützt ihre Studierenden, diese zu vermeiden. Spaß und ein entspanntes Herangehen an die Arbeit sind für sie sehr wichtig – und spielen auch in diesem Buch in allen Kapiteln eine wichtige Rolle.

In diesem Buch hat sie ihre große Erfahrung und viele Tipps und Tricks in 10 konkreten Schritten zusammengefasst. Das alles leicht lesbar und in unterhaltsamer Form sowie mit konkreten Tipps für die Umsetzung. So gelingt die Bachelor- und Masterarbeit in Wirtschafts-, Medien-, Geistes- und Humanwissenschaften und in Psychologie garantiert!

1
So können Sie dieses Buch nutzen

Inhaltsverzeichnis

Erstmal herzlich willkommen! 2
Wie Sie am besten mit dem Buch arbeiten 4
Für wen das Buch geschrieben ist 6

Erstmal herzlich willkommen!

Zur Illustration in diesem Buch wollte ich unterhaltsame und möglichst zu den Kapiteln passende Bilder einsetzen. Ich habe dafür die Bilderstellungs-KI Midjourney[1] genutzt. Einmal, weil sie schon heute tolle Bilder kreiert – und zum anderen, weil wir dabei immer nebenher etwas Spannendes lernen können. Zum Beispiel, wie KIs unsere Welt verstehen – und missverstehen. Das führt zu lustigen und spannenden Effekten und darf Sie zu Beginn jedes Kapitels aufheitern und ermutigen, mit einem Lächeln loszulegen. Das obige spezielle Bild entstand übrigens, als ich der KI sagte, sie solle mir bitte Folgendes malen: „A beautiful steaming Japanese tea cup standing on a wooden table in the sunlight

---

[1] www.midjourney.com

having absolutely no worries." Dies wurde mein Lieblingsbild und daher freue ich mich, dieses Buch für Sie damit zu eröffnen. Denn es steht dafür, was ich mit dem Buch erreichen will: Ich will Sie zügig zum Ziel bringen, aber entspannt und *with absolutely no worries.*

Herzlich willkommen in meiner Sprechstunde. Mein Name ist Vera Spillner, ich habe meine Masterarbeit (die zu meiner Studienzeit noch Diplom hieß) in theoretischer Physik geschrieben, über das Multiversum außerhalb unseres Universums. Meine Doktorarbeit habe ich dann in Philosophie geschrieben, über Quantentheorie und den Verstehensbegriff. Ich habe mich also in Natur- und Geisteswissenschaften bewegt. Nach meiner Promotion habe ich lange als Journalistin für Spektrum der Wissenschaft und die FAZ geschrieben. Ich war in verschiedenen Wissenschaftsverlagen als Lektorin und Managerin unterwegs und kam schließlich an die Hochschule der Medien in Stuttgart, wo ich heute als Professorin alles rund um Verlagsmanagement unterrichte – also hauptsächlich in Sozial-, Gesellschafts-, Wirtschafts- und Medienwissenschaften wirke – und dort sehr viele Bachelor- und Masterarbeiten betreue.

Inzwischen habe ich etwa 100 Studierende unterstützt, eine sehr erfolgreiche Bachelor- oder Masterarbeit fertigzustellen, entweder als direkte Betreuerin oder Zweitprüferin. Dabei hat sich mir gezeigt, dass die **Fragen**, die Studierende mir stellen, im Grunde immer die gleichen sind. Ich hatte bei meinen eigenen Abschlussarbeiten übrigens dieselben Fragen.

Es hat sich auch gezeigt, dass alle Schreibenden, ob im Bachelor oder Master, ähnlichen **Herausforderungen** begegnen. Dass sie die gleichen **Fallen** umgehen sollten und mehr oder weniger die gleichen **Tipps** nützlich finden.

Mehrheitlich schließen meine Studierenden bei mir mit **sehr gutem Erfolg** ab – das liegt natürlich zunächst mal an den Studierenden selbst (Kompliment an alle!), aber ich glaube doch, dass ein fröhliches, lockeres aber eben auch systematisches Herangehen an eine Bachelorarbeit oder Masterarbeit sehr hilfreich sein kann.

Mit meinem Crashkurs bekommen Sie eine ganz gezielte Auswahl an Wissen und Fähigkeiten: Die häufigsten Fragen meiner Studierenden, die häufigsten Probleme und Stolpersteine und die Chancen, die ich für mich und andere erkannt habe. Mit dem Ziel, Sie schnell zum Erfolg zu führen. Das Buch ist keine vollständige Beschreibung von allem, was man zum Thema wissenschaftliches Arbeiten wissen kann – aber ich glaube auch ehrlich gesagt, dass das jetzt gerade nicht hilfreich für Sie wäre.

Wie Sie am besten mit dem Buch arbeiten

Der Crashkurs besteht aus **10 Schritten**, die Sie gerne nacheinander mit mir durcharbeiten und abhaken können. **Schritt 1** beginnt ganz am Anfang, mit dem gemeinsamen Finden einer Forschungsfrage (ich helfe Ihnen gerne dabei). **Schritt 10** endet bei der Abgabe Ihrer Arbeit und den Formalitäten, die dabei zu beachten sind. Genau wie meine Sprechstunde meinen Studierenden von Anfang bis Ende offen steht, ist dieses Buch die ganze Zeit über für Sie da.

Wenn Sie beim Durcharbeiten des Buches, insbesondere bei den Schritten 1–5, merken, dass Sie einen bestimmten Schritt schon gemeistert haben, zum Beispiel Schritt 1, weil Ihr Betreuer oder Ihre Betreuerin Ihnen bereits ein Thema gegeben hat oder sie dieses gemeinsam mit Ihrer Hochschule oder Universität entwickeln, dann überspringen Sie den Rest des Schrittes 1 einfach und gehen gleich weiter zu Schritt 2, und so fort. Jeder Schritt funktioniert für sich, Sie gehen einfach genau da hin, wo Sie gerade Hilfe brauchen. Oder eben mit mir von 1 bis 10.

Meine Empfehlung: Arbeiten Sie die Schritte 1–5 bis zum Exposé durch, bevor Sie Ihre Arbeit offiziell anmelden. Ich habe mal die Zeit ausgerechnet: Sie brauchen dafür, wenn Sie gut dranbleiben, etwa eine Woche bis maximal 10 Tage, wobei Sie jeden Tag 3 bis 4 h dran sitzen sollten. Ein kleiner Aufwand mit großer Wirkung: Denn anders als manch andere oder anderer starten Sie in Ihre Bachelor- oder Masterarbeit dann nicht bei Null, sondern bestens vorbereitet. Das nimmt enorm viel Stress raus und schenkt Ihnen wichtige Zeit fürs Schreiben und Untersuchen. Das darf es Ihnen wert sein.

Ich habe in allen Kapiteln immer wieder Haltepunkte eingebaut, bei denen wir konkret über Ihre Arbeit nachdenken. Ich nenne diese Haltepunkte „**Teepausen**". Sie können dabei aber natürlich auch Kaffee oder etwas anderes Leckeres trinken.

Das ist das Bild, mit dem die Teepausen im Buch gekennzeichnet werden. Es ist, wie alle anderen Bilder auch, von der KI Midjourney erzeugt, die uns durch die 10 Schritte auf dem Weg zum Abschluss Ihrer Arbeit begleiten wird. Bei jedem Schritt, also zu Beginn jedes neuen Kapitels, habe ich der KI ein paar Worte, so genannte „Prompts", eingegeben, auf deren Basis sie das jeweilige Kapiteleröffnungsbild erstellt hat. Das führt durchaus auch mal zu Überraschungen oder Missverständnissen, an denen Sie hoffentlich so viel Freude haben werden, wie ich es hatte.

Wenn eine **Teepause** kommt, möchte ich Sie einladen, sich zu entspannen. Organisieren Sie sich irgendeinen Tee oder ein Getränk, das Sie wirklich mögen, und schenken Sie sich immer bei einer Teepause etwas davon ein. Trinken Sie in Ruhe und genießen Sie das Nachdenken, so gut möglich. Studien haben gezeigt, dass man sich Dinge besser merkt und auch besser nachdenken kann, wenn man etwas Positives mit der Aufgabe assoziiert. Also, probieren Sie es. Alles, was Sie investieren müssen, ist ein wenig Zeit und Tee ☺. Ich denke, ich kann es guten Gewissens versprechen, weil es meine Erfahrung gezeigt hat: Wenn Sie bei den gemeinsamen Teepausen gut mitmachen und ein bisschen Zeit und Ruhe investieren, kommen Sie ganz sicher in Ihrer Arbeit ein großes Stück weiter und schonen Ihre Nerven.

Manchmal finden Sie Beispiele, wie etwas auf gute Art gemacht werden kann, hilfreiche **Tipps, Tricks und konkrete Vorschläge** – dann füge ich zur schnelleren Auffindbarkeit ein Banner von einem wunderbar kitschigen Sonnenaufgang über den Bergen ein, den sich Midjourney so vorgestellt hat:

Midjourney's Bild zu den Prompts: „Kitschiger Sonnenaufgang über den Bergen, als Aquarell".

Wenn ich hingegen ein **Negativbeispiel** bringe, dann füge ich zur Auffindbarkeit einen Banner ein, auf dem uns Midjourney ein Gewitter dargestellt hat:

Midjourney, „Thunderstorm".

Für wen das Buch geschrieben ist

Passt das Buch zu Ihnen? Im Grunde sollte es weitestgehend zu allen Studierenden passen, die eine Bachelor- oder Masterarbeit schreiben. Denn beides sind **wissenschaftliche Arbeiten**. Daher müssen Sie sowohl im Bachelor als auch im Master eine Forschungsfrage formulieren, eine Untersuchung durchführen, eine kritische Diskussion anschließen und am Ende alles korrekt formatieren.

Mein formaler Fokus liegt auf dem Verfassen einer Bachelorarbeit. Für diejenigen von Ihnen, die jedoch eine **Masterarbeit** schreiben, habe ich außerdem gleich zu Beginn jedes Kapitels ein spezielles Unterkapitel **„Extra-Infos für die Masterarbeit"** eingefügt. Das Kapitel ist *kursiv* gesetzt, sodass Sie, liebe Bachelor-Studierende, es gleich erkennen und einfach überspringen können, und Sie, liebe Master-Studierende, es bitte vorab lesen, bevor Sie in die Details des folgenden Schrittes eintauchen. Dann wissen Sie, worauf Sie besonders achten sollten. Sie müssen formal und strukturell dieselben 10 Schritte durchlaufen wie die Bacheloranden und Bachelorandinnen, daher können Sie dem Buch genauso folgen – Sie werden aber an mancher Stelle weiter blicken oder tiefer graben müssen – das ist der wesentliche Unterschied und darauf weise ich dann jeweils hin. Darum haben Sie ja auch 6 Monate und nicht nur 3 Monate Zeit.

Mein inhaltlicher Fokus für dieses Buch liegt auf Forschungsmethoden, die insbesondere im Bereich der **Sozial-, Geistes-, Gesellschafts-, Wirtschafts- oder Medienwissenschaften** Anwendung finden sowie in der Psychologie. In meinen Beispielen arbeite ich oft mit Fokus auf die angewandten Wissenschaften. Aber aus meiner Erfahrung bin ich überzeugt, dass Ihnen mein Guide auch in benachbarten Fächern sehr hilfreich sein kann, und ich werde auch Beispiele aus theoretischen Gebieten bringen.

Also kommen Sie nun mit, ganz gleich aus welchem Gebiet Sie kommen, gehen Sie mit mir die 10 Schritte und kommen Sie auf diese Weise in Ruhe ans Ziel. Und glauben Sie mir: **Sie schaffen es, mit großem Erfolg, Ihre Arbeit durchzuführen und fertigzustellen. Ich habe es oft gesehen: es klappt!** Ich freue mich auf unsere gemeinsame Reise!

2

Schritt 1: Thema und Forschungsfrage finden

Inhaltsverzeichnis

Vorab Extra-Infos für die Masterarbeit	12
Wir finden Ihre persönliche Forschungsfrage	13
Brücken zwischen Themen bauen und Thema zuspitzen	17
Wie Sie Ihre Forschungsfrage machbar formulieren	19
Wie Sie Ihre Forschungsfrage weiter zuspitzen durch Wahl einer Methodik	21
Wie Sie Ihre Forschungsfrage zuspitzen mithilfe eines Trends	23
Wie Sie eine Forschungsfrage formulieren durch einen Vergleich	24
Achtung: Wie Forschungsfragen nicht lauten sollten	26
Ihr persönlicher Forschungsfragen-Finder	28
Unterschied Thema und Forschungsfrage	35
Das Gespräch mit Ihren Betreuenden suchen	36
Übergang in den nächsten Schritt	36

Midjourney's Vorstellung von: „A young woman and a young man look very positively surprised when they find an impersonated research question looking at them from inside an old cupboard of which they both open one door respectively." ... Zugegeben, im Schrank werden Sie die Forschungsfrage tatsächlich eher selten finden. Das konnte sich Midjourney auch eher nicht vorstellen, wie man unschwer im Bild erkennt. Übrigens sehen wir hier ein typisches Problem: Die KI tut sich aktuell noch schwer damit, darzustellen, wer in einen Schrank oder aus einem Schrank oder einer Tür hinausschaut. Genauso schwierig ist es übrigens, eine Treppe darzustellen, die nach unten geht und nicht aufwärts. Versuchen Sie es gerne mal selbst, Stand 2023 ist Midjourney frei im Netz nutzbar.

OK, es braucht schon etwas mehr Anstrengung, eine **machbare Forschungsfrage** zu formulieren, als nur eine Schranktür zu öffnen. Wer gleich hier in Schritt 1 jedoch viel Zeit und Energie verbraucht, tut es wenigstens zurecht. Denn schließlich ist es wirklich nicht ganz einfach, herauszufinden, was auf Ihrem Gebiet schon erforscht oder noch unbekannt ist – und es ist auch nicht leicht, zu wissen, was im zeitlichen Rahmen einer Bachelorarbeit von 3 Monaten oder in einer Masterarbeit von 6 Monaten überhaupt untersucht werden kann. Außerdem soll das Ganze auch noch spannend sein und Freude machen – au weia. Das kann einen schon ins Schleudern bringen. Muss es aber nicht. Wir gehen da jetzt gemeinsam ran.

Wer bereits eine Forschungsfrage hat, oder diese von einem Betreuer oder einer Betreuerin bekommt, kann jetzt gerne zu Schritt 2 wechseln. Oder einfach das Kapitel überfliegen. Alle anderen: Los gehts!

Sie haben eine tolle Frage im Kopf – die aber eher romantisch ist oder völlig zu weit greift. Nicht schlimm – Sie können ja nach einem Master auch noch promovieren und sich dann mit Ihrem schwierigen Thema richtig lange beschäftigen. Für die Bachelor- und Masterarbeit gilt: Lieber ein machbares Thema wählen!

Es ist zum Glück möglich, eine Frage zu finden und zu formulieren, mit der man sich anfreunden kann und die auch machbar ist. Und wer alleine keine perfekte Frage findet, die ihn oder sie völlig begeistert: Macht nichts. Wir suchen jetzt gemeinsam eine. Dabei helfe ich Ihnen in diesem Schritt eins.

Ein anschauliches Beispiel, das Ihnen nochmal kurz verdeutlichen darf, was ich damit meine, eine „machbare Forschungsfrage" zu finden. In meiner Philosophie-Promotion wollte ich erst darüber schreiben, was eigentlich „Realität" ist. Das hätte mich so begeistert! Es war mein Lieblingsthema! Es zeigte sich aber bei genauerem Hinsehen, dass das Thema viel zu groß für eine Promotion war. Es war also nicht „machbar". Und daher musste ich das Thema verändern, bis eine machbare Arbeit herauskam. Mein Thema hieß am Ende anders – es ging um „Verstehen" in der „Quantenmechanik". Irgendwie also etwas ziemlich anderes. Das war aber letztlich auch nicht schlecht. Erst war ich etwas enttäuscht, weil ich mein Lieblingsthema nicht bearbeiten konnte. Und dann merkte ich, dass ich zu diesem neuen Thema wirklich etwas schreiben konnte – es war das bessere Thema für eine Promotion, denn es war: machbar. Und über die Zeit habe ich mich damit abgefunden. Am Ende mochte ich das Thema sogar sehr, und habe die Arbeit mit 1,0 abgeschlossen. So machen wir es auch für Sie: Falls Ihnen zu diesem Moment Ihre Frage noch nicht klar ist oder zu groß sein sollte, arbeiten wir daran, dass sie machbar wird oder dass wir etwas Machbares für Sie finden, OK? Und keine Sorge: Das ist ja auch schon vielen vor Ihnen gelungen. Also machen wir uns an die Arbeit.

Vorab Extra-Infos für die Masterarbeit

Für die Masteranden und Masterandinnen unter Ihnen gibt es, wie in der Einleitung beschrieben, in jedem Kapitel ein eigenes kursiv abgehobenes Unterkapitel, das die Bacheloranden und Bachelorandinnen überspringen dürfen. Ihnen also hier nochmal ein eigenes: Herzlich Willkommen!

In diesem ersten Kapitel geht es um das Thema, wie Sie eine Forschungsfrage finden können. Dies steht auch als erster Schritt für alle an, die eine Masterarbeit schreiben. Auch Sie müssen meist Ihre eigene Forschungsfrage finden, wenn Sie nicht eine fertige Frage Ihres Betreuers, Ihrer Betreuerin oder aus einem Forschungsprojekt übernehmen. In diesem Fall überspringen Sie Schritt 1 jetzt einfach und gehen zu Schritt 2.

Das Auffinden des Themas oder der Frage steht sonst für Sie ebenfalls an und unterscheidet sich nach meiner Erfahrung hauptsächlich dadurch von der Bachelorarbeit, dass Sie aus einer höheren Warte auf die Thematik schauen. Sie verstehen eher, wo noch Raum für ungelöste Probleme oder Fragen besteht. Während also Bachelorierende an dieser Stelle durchaus nochmal intensiver das Gespräch mit den Betreuenden suchen müssen, um festzustellen, ob die Thematik tatsächlich noch nicht untersucht wurde, liegt dies für Masterarbeit-Schreibenden eher in der Hand der Studierenden selbst.

Sie sollten also Ihre Forschungsfrage noch intensiver auf Herz und Nieren testen. Wurde so etwas schon erforscht? Suchen Sie auch nach englischsprachigen Publikationen zum Thema. Schauen Sie in Bücher und Journals. Suchen Sie in Bibliothekssuchmaschinen, in SpringerLink und bei Google Scholar. Sie wollen das Rad nicht zweimal erfinden. Wenn Ihr Thema schon erforschter ist, als Sie dies dachten – nicht schlimm! Schauen Sie, welcher Aspekt noch nicht erforscht wurde – spitzen Sie Ihr Thema, wenn möglich, zu. Wenden Sie es auf einen leicht anderen Kontext oder einen anderen Spezialfall an.

Wir werden in einem späteren Schritt noch einmal genauer auf das Thema Literaturrecherche eingehen. Auch dabei können Sie weiter überprüfen, ob Ihre Forschungsfrage wirklich noch offen ist oder modifiziert werden muss.

Die Tiefe Ihrer Recherche, wenn Sie später Ihre Einleitung schreiben, variiert ebenfalls. Während Bachelorstudierende tendenziell aus Zeitgründen weniger Literatur auswerten können, müssen Masterstudierende hier etwas tiefer graben. Auch darüber sprechen wir in einem späteren Schritt nochmal genauer, es sei Ihnen an dieser Stelle nur bereits vorab als Information mitgegeben.

Wir finden Ihre persönliche Forschungsfrage

In diesem Kapitel versuchen wir, ganz konkret für Sie einen Ansatz für Ihre Forschungsfrage zu finden. Dazu begeben wir uns in die erste **Teepause**. Als Erinnerung: Ich lade Sie ein, dabei etwas zu trinken, das Sie mögen. So werden Sie beim Nachdenken entspannter sein. Wir legen los.

Teepause Thema finden – der emotionale Ansatz

Als erstes fangen wir emotional an. Bei welchem Thema bekommen Sie Gänsehaut? Was begeistert Sie? Nehmen Sie ein Blatt zur Hand und einen Stift. Schreiben Sie ein paar Stichworte darauf, die Ihnen in den Sinn kommen. Wenn Sie drei Stichworte haben oder mehr, dann gehen Sie irgendwann weiter.

OK, natürlich müssen wir auch irgendwie in Ihrem Fachgebiet bleiben. Also fragen Sie sich nun:
- Was begeistert Sie in Ihrem Fachgebiet? Sagen Sie jetzt nicht „nichts". Denken Sie nach.
- Was hat Ihnen im Studium am meisten Spaß gemacht? Schreiben Sie auch hierzu ein paar Worte unter die ersten Begriffe.

Nun gehen wir ein Stück weiter. Ich stelle Ihnen jetzt ein paar Fragen. Gehen Sie diese durch. Wenn Sie einige davon beantworten wollen, notieren Sie sich wieder Begriffe auf Ihrem Blatt Papier. Wenn die Frage nicht passt, lassen Sie sie stehen und lesen Sie weiter.
- Finden Sie gesellschaftliche Trends spannend? Welche?
- Faszinieren Sie bestimmte Technologien? Wenden Sie diese auch zu Hause an oder lesen Sie gerne darüber?
- Benutzen Sie selbst bestimmte soziale Medien?

- Schalten Sie öfter mal nicht weg, wenn Werbung irgendwo eingeblendet wird?
- Faszinieren Sie Marketingkonzepte?
- Oder begeistern Sie sich vielleicht für bestimmte Bücher – Fantasy, Romane, Sachbücher…
- … oder Zeitschriften oder Blogs?
- Wo verbringen Sie Ihre Zeit? Warum? Was ist daran spannend?
- Sind es philosophische Fragen, die sie umtreiben? Oder technologische? Welche? Auf welchem Gebiet?

Jetzt haben Sie ein paar Begriffe gesammelt und wir gehen weiter.

Ich greife jetzt beispielhaft den Fall heraus, dass Sie sich für soziale Medien interessieren. Wenn Sie selbst etwas anderes gesagt haben, ist das egal – dann setzen Sie das einfach in Gedanken ein und denken im Weiteren Ihr Thema mit.

Soziale Medien interessieren Sie also. Fragen Sie sich: **Was gibt es hier für Trends? (Was gibt es in Ihrem Gebiet für Trends?)** Beispielsweise könnten Sie im Moment Ihr Auge auf TikTok richten, also einen Spezialfall betrachten, Ihr Thema zuspitzen. (Was wäre der Spezialfall in Ihrem Thema?)

Schauen wir in unserem Beispiel mal genauer auf TikTok. Unabhängig davon, wie Sie TikTok im Allgemeinen finden, ist es doch ein sehr großer Trend, die am stärksten wachsende soziale Plattform unserer Zeit.

Man könnte nun vertiefend fragen:

- Wer ist dort?
- Wen erreicht welches Unternehmen hier wie?
- Was macht TikTok mit uns?
- Was hat sich im Vergleich zu sozialen Medien wie Instagram oder YouTube bei TikTok verändert?
- Was wird hier inhaltlich gespielt, was nicht?
- Wo sehen Sie Gefahren und Chancen?
- Wen würde hier eine Studie zum Thema besonders interessieren?

> **Teepause Thema finden – Leitfragen**
>
>
>
> Halten Sie kurz inne und trinken Sie einen Schluck Tee oder Kaffee oder etwas Leckeres. Fragen Sie sich in Ruhe: Was fasziniert Sie? Und wenn Sie etwas gefunden haben: Wie könnten Sie Ihr Thema zuspitzen?
>
> Leitfragen:
> - Gibt es einen aktuellen Trend darin? Oder einen langjährigen Trend?
> - Gibt es einen Sonderfall, eine Anwendung, ein Beispiel, das man genauer ansehen könnte?
> - Wie könnten Sie Ihr Thema verkleinern, also: Was könnten Sie in einem zugespitzten Unterthema vertiefend fragen?
>
> Schreiben Sie sich ein paar ähnliche Fragen auf, die Ihnen für Ihr Thema in die Gedanken kommen. Was würde man in Ihrem Gebiet fragen? Was würden Sie antworten?

Wir gehen nochmal einen Schritt weiter, um Ihr Thema zu einer Forschungsfrage zu machen. Dazu werde ich jetzt etwas angewandter fragen. Dieses angewandte Denken hat aber auch an Universitäten oder in theoretischeren Gebieten seine Berechtigung, also machen Sie einfach mal mit.

> **Teepause Thema finden – konkretisieren**
>
>
>
> Au weia, heute wird viel getrunken. Fragen Sie sich dabei noch einmal ganz konkret:
> - Gibt es ein Unternehmen oder eine soziale Gruppe oder einen Kontext oder eine Anwendung, die Sie persönlich interessant finden?
> - Nehmen wir mal das Beispiel eines Unternehmens. Vielleicht haben Sie irgendwo ein Praktikum gemacht? Oder Sie kennen jemanden, der in einem interessanten Unternehmen arbeitet? Vielleicht ist es auch kein Unternehmen, sondern, wie oben angedeutet, stattdessen eher eine gesellschaftliche Gruppe, zu der Sie Zugang haben, oder die Sie spannend finden. Oder ein größeres Thema, an dem geforscht wird.
>
> Jetzt bauen wir eine Brücke:
> - Wie können wir das Thema TikTok mit diesem Unternehmen oder dieser Gruppe oder diesem größeren Thema verbinden?
> - Wie können Sie Ihr Thema mit einer Gruppe oder einem Unternehmen oder einem Trend oder einem Spezialfall verbinden?
>
> Vielleicht können Sie schon etwas aufschreiben. Wenn Sie hier noch Hilfestellung brauchen, kein Problem, ich bringe jetzt nochmal ein konkretes Beispiel.

Schauen Sie sich das folgende Beispiel an und übertragen Sie es danach einmal bestmöglich auf Ihr Thema. In unserem Beispiel geht es ja gerade um TikTok. Beim Nachdenken über ein Unternehmen kam Ihnen vielleicht ein Medienhaus oder ein Verlag in den Sinn. Jetzt bauen wir, wie oben in der Teepause angedeutet, eine Brücke.

Brücken zwischen Themen bauen und Thema zuspitzen

Stellen Sie sich vor, wir haben TikTok und einen speziellen Verlag auf Ihrem Zettel stehen. Zwei Themen, die Ihnen in der Teepause eingefallen sind. Jetzt bauen wir eine Brücke zwischen diesen. Wir könnten fragen, wie und ob der Verlag, den Sie spannend finden, bereits TikTok nutzt. Wenn ja, erfolgreich? Wenn nein, warum nicht?

So finden sich beide spannenden Themen zusammen und führen zu einer Idee, was Ihre Forschungsfrage werden könnte. Daraus ergeben sich weitere Fragen: Wie messe ich denn überhaupt, ob ein Unternehmen erfolgreich auf TikTok ist? Wenn es denkbar wäre, dass das Unternehmen auf TikTok aufspringen sollte, oder seine Strategie dort noch optimieren kann, so könnte ein erster Entwurf einer Forschungsfrage lauten:

Potenziale einer Nutzung von TikTok durch das Unternehmen XY
Hier ein weiteres Beispiel, wie man eine Brücke bauen kann. Nehmen wir an, Sie haben oben nicht an soziale Medien gedacht, sondern bei Ihrem Lieblingsthema ist Ihnen etwas anderes eingefallen, wie zum Beispiel Typographie. Wie können wir hier über eine Brücke zu einer Forschungsfrage kommen?

Wie wäre es mit einer Brücke zwischen Typographie und sozialen Medien? Oder, wenn es lieber eine Gruppe sein soll, Typographie und Generation Z. Oder vielleicht lieber Unternehmen: Typographie und Zeitungen.

Welche Frage lässt sich dann anschließend vertiefend stellen? Vielleicht: Lässt sich aus der Typographie von Magazin-Covern die Zielgruppe ableiten? Verwenden Magazine für die Generation Z eine andere Typographie als für eine andere Generation? Wie hängen Typographie und

Gender zusammen? Ich bin keine Expertin für Typographie. Aber so in etwa können sie durch eine Verbindung eines Themas (Typographie) und eines Kontextes (Magazine, Generation Z…) zu einer Frage kommen.

Hier noch ein paar Beispiele als Übung für Sie, damit Sie Ihr eigenes Thema besser finden können. Bauen Sie doch mal versuchsweise eine Brücke…

- **Bsp. 1:** … zwischen sozialen Medien und Fantasy-Büchern.
  Lösungsvorschlag: Sie könnten die Nutzung einer Social Media Plattform für Fantasy-Verlage untersuchen. Sie könnten untersuchen, wie auf bestimmten sozialen Plattformen für Fantasy-Bücher geworben wird/werden sollte.
- **Bsp. 2:** … zwischen erfolgreichem Content und einer gesellschaftlichen Gruppe.
  Lösungsvorschlag: Sie könnten den Erfolg bestimmter Bücher, Magazine, Content-Formate in einer bestimmten gesellschaftlichen Gruppe untersuchen.
- **Bsp. 3:** … zwischen Technologie/einem Trend und der Gesellschaft.
  Lösungsvorschlag: Sie könnten das Verhalten einer bestimmten Gruppe – auf etwas bestimmtes (ein Ereignis, eine Politik, eine Veränderung, eine Technologie, einen Trend etc.) untersuchen… u. v. m.

Die **Forschungsfragen** könnten dann in die Richtung gehen:

1. **Bsp. 1:** Potenziale der Nutzung von TikTok im Marketing für Fantasy-Romane
2. **Bsp. 2:** Erfolg von historischen Romanen in der Generation Z/Erfolg des Magazins XY in der Generation …
3. **Bsp. 3:** Umgang mit dem Thema Diversität in der Generation Y/unter Studierenden/in Schulen … oder: Wie die Entwicklung von Künstlicher Intelligenz die Kaufgewohnheiten von Studierenden beeinflusst… u. v. m.

Ich habe hier drei Beispiele aufgeschrieben, aber Sie könnten ganz frei nachdenken und genau dazu lade ich Sie nun nochmal ein.

Teepause Thema finden – über Verknüpfungen weiter konkretisieren

Wie könnten Sie Ihr Thema mit einer gesellschaftlichen Gruppe, einem Trend, einem Unternehmen, einer konkreten Theorie, einem Werk … verbinden? Versuchen Sie mal einen Augenblick auf Papier, Ihre Gedanken zu sammeln. Können Sie Ihr Thema in einem bestimmten Rahmen verankern? In einen bestimmten Kontext übersetzen? Vielleicht entsteht hier eine Idee. Aber keine Sorge, wenn es noch nicht klappt, wir gehen gleich zusammen weiter und arbeiten gemeinsam weiter daran.

Wie Sie Ihre Forschungsfrage machbar formulieren

Jetzt achten wir nochmal darauf, dass Ihr Thema nicht zu groß wird. Denn sonst ist es als Bachelor- oder Masterarbeit ggf. nicht „machbar". Denken Sie dabei an meine Promotion – ich hatte Ihnen in der Einleitung erzählt, dass ich in der Philosophie das Thema „Realität" untersuchen wollte. Es war und blieb zu groß für eine Doktorarbeit. Daher kümmern wir uns jetzt darum, dass Ihr Thema nicht zu groß – sondern machbar wird.

Schauen Sie nochmal direkt hier oben auf Beispiel 2. Da hatte ich als Beispiel-Thema formuliert: „Erfolg von historischen Romanen in der Generation Z". Möglicherweise zu groß wäre gewesen:

Erfolg von Romanen in der Gesellschaft
Besser und machbar:

Erfolg von historischen Romanen in der Generation Z
Was haben wir hier gemacht? Wir haben nicht „alle" Romane genommen, sondern „historische". Und nicht die „ganze Gesellschaft", sondern einen

Teil davon, den man besser überschaubar untersuchen kann. Wenn das in Ihrem Thema momentan noch der Fall ist, dass Sie sehr große Bereiche betrachten wollen, dann fragen Sie sich doch mal analog: Wie könnten Sie klug Unterbereiche wählen und betrachten?

Warum ist das wichtig? Sie müssen ja in Ihrer Untersuchung irgendwann auch eine hinreichend passende Stichprobe auswählen. Und das kann sich bei einer zu großen Menge (alle Romane, die ganze Gesellschaft, zu allen Zeiten…) als herausfordernd (bis unmöglich) erweisen. Darüber sprechen wir später noch mehr und Sie können Ihr Thema auch dann immer noch ein wenig stärker eingrenzen.

Sie können selbstverständlich eine schmale oder eine breite Branche oder Zielgruppe oder ein enges oder breites Thema untersuchen, das ist natürlich alles möglich, wir sind hier nur auf der Suche nach einer Frage, die Sie genügend fasziniert und machbar ist. Ich habe im Laufe meines Berufslebens sowohl thematisch schmale wie breite Arbeiten betreut und jede kann mit einer 1,0 ausgehen. Es macht an der Note erstmal prinzipiell nichts aus, ob Sie ein einzelnes Unternehmen, ein Spezialthema oder eine Branche oder ein allgemeines Thema in den Fokus nehmen.

Teepause Forschungsfrage – und es beherrschbar machen

Befinden sich in Ihrem aktuellen Thema, Ihrer aktuellen Forschungsfrage, Begriffe, die sehr groß sind, analog zu „alle Romane" oder „die Gesellschaft"? Gäbe es sinnvolle Untergruppen, analog zu „Fantasyroman" oder „die Generation Y" oder ähnlich? Wie sähe das bei Ihrem Thema aus? Kann man die Wahl der Untergruppe genügend gut motivieren? Warum ist gerade diese Untergruppe spannend, mal abgesehen davon, dass die Arbeit dann machbar wird und Sie eine überschaubare Stichprobe untersuchen können?

Wie Sie Ihre Forschungsfrage weiter zuspitzen durch Wahl einer Methodik

Wir sind auf einem guten Weg. Gestartet sind wir bei Themen, die Sie faszinieren. Wir haben Brücken gebaut zwischen Themen, oder zwischen Themen und Gruppen oder Unternehmen, um Ihnen die Formulierung eines konkreten Untersuchungsgegenstandes zu erleichtern. Wir haben darauf geachtet, dass die Forschungsfrage machbar bleibt, indem wir versucht haben, Untergebiete zu finden, die man untersuchen kann. Jetzt spitzen wir nochmal weiter zu.

Denn eine Forschungsfrage ohne passende Methodik ist noch keine Bachelor- oder Masterarbeit. Sie sollen ja nicht nur fragen, sondern auch untersuchen. In Schritt 2 im nächsten Kapitel befassen wir uns mit den 5 bekanntesten und beliebtesten Methoden, mit denen man in Bachelor- und Masterarbeiten am besten seine Untersuchung durchführen kann. Jetzt beginnen wir aber schon mal damit, langsam den gedanklichen Bogen dahin zu schlagen.

Die Forschungsfrage kann durch die Wahl einer Methodik zugespitzt oder manchmal auch überhaupt gefunden werden – wer also noch keine Frage gefunden hat: Auch die Wahl einer Methodik kann Ihnen weiterhelfen. Was meine ich damit? Ich erkläre es an einem konkreten Beispiel, das Sie anschließend für sich nutzen können.

Eine meiner Studentinnen wollte am liebsten eine sogenannte „vergleichende Analyse" durchführen. Wie das genau geht, erkläre ich in Kap. 2. Hier in einer Nussschale, weil wir daran sehen, wie Methodik und Forschungsfrage zusammenwirken. Sie wollte also verschiedene „Dinge" miteinander vergleichen (wir lassen es mal kurz so offen stehen). So weit so gut. Sie interessierte sich außerdem für TikTok und Verlage. Da hatte sie eine Brücke gebaut. OK. Wir hatten also drei Zutaten: Zwei Themen, eine Brücke und den Ansatz einer Methode. Bauen wir das mal zusammen und sprechen es alles zusammen in einem Satz aus:

Wir wollten also vergleichen, was Verlage auf TikTok so tun.

Es ergab sich also die Idee, dass sie einige repräsentative Verlage wählen würde (in ihrem Fall die erfolgreichsten Comicverlage in einem bestimmten Markt) und deren TikTok-Auftritte untereinander vergleichen würde. Das gefiel ihr erstmal. Also plante sie herauszufinden, wer von den Verlagen „es am besten machte". Sie wollte also überprüfen, wer auf TikTok erfolgreicher war und wer nicht. Dazu musste sie definieren, was „Erfolg" heißen sollte – also Erfolgsfaktoren oder -kriterien definieren, wie man sagt. Sie schaute sich die Kanäle an und bemerkte, dass diese unterschiedliche „Engagement Rates" hatten und sich auch sonst sehr voneinander unterschieden. Es zeigten sich weitere Merkmale, die man vergleichen konnte. Zuletzt hatte sie noch die Idee, sie könnte doch einen bestimmten Verlag ins Zentrum stellen, der noch keinen TikTok-Auftritt hatte, und aus der Erfahrung der erfolgreichen Verlage eine Handlungsempfehlung für diesen ableiten. Und genau das wurde ihre Arbeit. Der Titel lautete dann in etwa:

Analyse von Erfolgsfaktoren eines TikTok-Auftritts für Comicverlage
Mit anschließender Entwicklung eines Prototyps für den Verlag XY

Betreut wurde die Arbeit letztlich von mir und einem Vertretenden des entsprechenden Verlags XY. Und es wurde eine schöne Erfolgsgeschichte. Daraus wiederum könnten auch Sie ein analoges Thema ableiten. Lassen Sie uns an der Stelle nochmal kurz für Sie stoppen.

Teepause Forschungsfrage – ein weiterer Tipp

Vielleicht wollen auch Sie eine konkrete Handlungsempfehlung für ein von Ihnen gewähltes Unternehmen oder eine Branche entwickeln. Wenn Sie beispielsweise ein Museum oder ein Zeitungshaus oder ein anderes konkretes Unternehmen untersuchen wollen, könnten Sie aus einer Analyse von Best Practises ähnlicher (oder auch ganz anderer?) Branchen oder Häuser

> eine Handlungsempfehlung (ggf. einen Prototypen) für Ihr Unternehmen erarbeiten? Wenn Sie aus der Wirtschaftswissenschaft kommen, könnten Sie versuchen, den Erfolg bestimmter Auftritte zu vergleichen. Wenn Sie aus der Psychologie kommen, könnten Sie ebenfalls den Erfolg verschiedener Maßnahmen untersuchen. Wenn Sie aus der Germanistik kommen, könnten Sie die Rezeption verschiedener Werke oder eines Werkes in verschiedenen Zielgruppen analysieren (und natürlich vieles andere). Wenn Sie aus der Philosophie kommen, könnten Sie verschiedene Ansätze miteinander vergleichen. Wenn Sie aus Naturwissenschaften kommen, könnten Sie verschiedene Methoden oder Technologien oder Theorien miteinander vergleichen … Kommt Ihnen hier etwas in den Sinn? Gibt es so etwas bei Ihnen, das man untereinander sinnbringend vergleichen und etwas daraus lernen könnte?

Im obigen Beispiel wurde die Handlungsempfehlung für einen sehr konkreten Verlag entwickelt. Es könnte auch offener bleiben. Der Untertitel könnte auch lauten: *Eine vergleichende Analyse mit Erstellung eines Prototyps für Kunstmuseen.*

Im konkreten Fall wäre es dann übrigens super, wenn Ihr Zweitbetreuer oder die Zweitbetreuerin direkt aus dem Museum stammten, für das der Prototyp entwickelt werden soll, wie im Fall meiner Studierenden aus dem Beispiel oben. Denn unter Umständen wird das Museum ja sehr interessiert an Ihrer Arbeit sein und auch wertvollen Input gerade zu Beginn in einem Auftaktgespräch geben können. In Schritt 6 greifen wir dieses Thema nochmal auf.

Wie Sie Ihre Forschungsfrage zuspitzen mithilfe eines Trends

Vielleicht haben Sie inzwischen schon eine Forschungsfrage gefunden und zugespitzt. Wenn Sie bereits zufrieden sind, können Sie auch zu Schritt 2, also ins nächste Kapitel, wechseln. Falls Sie noch immer ein wenig auf der Suche sind, gibt es noch einen weiteren Ansatz, aus Ihrem Thema eine Frage zu generieren – nämlich über die Verbindung mit einem Trend.

Nehmen wir dazu einmal an, Sie interessierten sich besonders für Inhalte irgendeiner konkreten Form. Ein Beispiel könnte sein, dass Sie sich für Erzählungen in der Form von Mangas interessieren. Oder für Inhalte in der Form von Romanen. Nehmen wir mal Letzteres. Sie möchten also auf dem Gebiet der *Romane* etwas untersuchen. Fragen Sie sich, was Sie selbst hier besonders fasziniert. Welches Genre? Sind es Fantasy-Romane? Historische Romane? Biografien?

Jetzt gehen wir einen Schritt weiter: Welchen Trend der Zeit können Sie ausmachen? Denken Sie an politische und gesellschaftliche Strömungen. Vielleicht kommt Ihnen hier ein Thema in den Sinn. Dies könnte beispielsweise „Diversität" sein, einer der Mega-Trends unserer Zeit. Oder wie wäre es mit „Feminismus"? Oder „Klimaschutz"? Oder „Nachhaltigkeit"? Oder mit bestimmten Eigenschaften von Protagonisten und Protagonistinnen? Wenn Sie hier etwas anspricht, so könnte man sich vorstellen, dass Sie im Rahmen Ihrer Bachelorarbeit eine bestimmte Anzahl von *Romanen* bezüglich eines bestimmten Schwerpunkts untersuchen und verschiedene Romane „vergleichen" könnten.

Die Forschungsfrage könnte in diesem Falle zum Beispiel lauten:

Feminismus in erfolgreichen Romanen seit 2000
Eine vergleichende Analyse.

Auch diese Forschungsfrage ist noch nicht ganz fertig, es ist aber ein sehr guter Start und auf einem guten Weg. Die Schärfung der Forschungsfrage erfolgt nun zum Beispiel wieder dadurch, dass man genauer über die Methodik nachdenken wird, und dabei bemerkt, wie weit die Untersuchung im Rahmen der Bachelorarbeit gehen kann. Gegebenenfalls wird man danach die Thematik oder Lesergruppe noch einmal verkleinern und zuspitzen, damit die Arbeit bewältigbar wird.

Wie Sie eine Forschungsfrage formulieren durch einen Vergleich

Manche Arbeiten entstehen auch dadurch, dass man zwei Entitäten, zwei Märkte, zwei Branchen, zwei Gesellschaften, zwei Kulturen etc. miteinander vergleicht. Und zwar bezüglich eines Merkmals. Nicht, um zu sagen, wer „besser" sei, sondern, um etwas zu verstehen oder zu lernen. Hier ein paar Beispiele, was man vergleichen könnte:

- Bsp. 1: Zwei Unternehmen bezüglich Ihrer Verwendung von VR. Oder AI.
- Bsp. 2: TikTok-Auftritte von Verlagen mit denen von Automobilunternehmen.
- Bsp. 3: TikTok-Auftritte von Verlagen mit denen von Banken (haben die TikTok-Auftritte?).
- Bsp. 4: Buchgenres
- Bsp. 5: Bestenlisten in verschiedenen Ländern
- Bsp. 6: Trends in verschiedenen Generationen

Wenn wir so einen Vergleich anstellen, können wir mal darüber nachdenken, was man daraus prinzipiell lernen könnte. Vielleicht finden wir, dass die einen erfolgreicher sind als die anderen – unsere Untersuchung könnte Hinweise liefern, woran das liegt. Liegt es an der Zielgruppe? An der Größe der Zielgruppe? An den Farben? An der Häufigkeit der Postings? Was heißt Erfolg? Was nimmt man in Kauf?

Zu Beispiel 4 in der Liste oben: Wenn Sie zwei Buchgenres vergleichen: Welches landet eher auf Bestseller-Listen? Dann könnten Sie fragen: Warum? Zeigen sich Gemeinsamkeiten, Unterschiede, Trends…

Zu Beispiel 5 in der Liste oben: Wenn Sie zwei Bestenlisten von Büchern, Filmen, Serien, Zeitschriften, sonstigen Inhalten in verschiedenen Ländern betrachten: Warum sind bestimmte Medien, Technologien, Bücher, Zeitschriften, Formate in bestimmten Ländern erfolgreich und in anderen nicht? Oder sind sie doch überall erfolgreich? Warum?

Zu Beispiel 6 in der Liste oben: Wenn Sie bestimmte Trends in verschiedenen Generationen vergleichen: Kommt der Trend in beiden Generationen gleichermaßen an? Wie können Sie das messen, wie können Sie die Generationen vergleichen? Mit einer Umfrage, vielleicht?

Sie sehen, hier entstehen auch gleich wieder Fragen zur Methodik. Dazu noch etwas Geduld, darüber sprechen wir in Schritt 2. Aber vielleicht hat Ihnen der Ansatz geholfen, Ihre Forschungsfrage zu finden, indem Sie irgendwo einen Vergleich anstellen. Jetzt schauen wir nochmal, wo Herausforderungen und Stolpersteine liegen, damit Sie diese Fallen umschiffen können.

> **Teepause Forschungsfrage – Vergleiche**
>
>
>
> Was könnte man in Ihrem Gebiet miteinander vergleichen? Nehmen Sie die konkreten Begriffe Ihres Themas. Kann man diese Begriffe in verschiedenen Gebieten oder Kontexten untersuchen? Und vergleichen?

Achtung: Wie Forschungsfragen nicht lauten sollten

Ich gebe Ihnen jetzt noch ein Beispiel dafür, wie eine Forschungsfrage eher nicht lauten sollte, oder was man sonst beachten muss. Zu Ihrer Unterstützung und damit Sie nicht in diese Fallen tappen.

Jemand wollte bei mir mal folgende Frage untersuchen:

Hat stilistische Schönheit in den Romanen der letzten zwanzig Jahre abgenommen?
Was ist daran nicht gelungen? Achtung! Formulieren Sie Fragen nicht zu „weich" – sonst sind sie schnell unwissenschaftlich oder mit wissenschaftlichen Methoden nicht oder nicht eindeutig zu klären.

Was ist damit gemeint? Es ist an sich eine tolle Frage – aber im Rahmen einer Bachelorarbeit nur sehr schwer bis gar nicht zu bewältigen. Warum? Überlegen Sie: Zunächst müsste man ja mal „stilistische Schönheit" definieren. Ist das für jede Person dasselbe? Oder nicht? Gibt es kulturunabhängige Tendenzen? Oder nicht? Und wie will ich dann die Romane der letzten 20 Jahre untersuchen? Schaffe ich es, hier eine relevante Stichprobe zu definieren? Das Ganze klingt für mich eher nach einer Doktorarbeit (dafür wäre es vielleicht ein schönes Thema).

Ebenfalls abraten würde ich von so weich und offen formulierten Fragen wie:

Nützlichkeit und Erfolg von Marketingkampagnen in der Buchbranche
Das Thema an sich ist spannend, bitte nicht missverstehen! Aber man wird die Frage noch deutlich zuspitzen müssen, um daraus eine machbare Bachelor- oder Masterarbeit zu schaffen. Denn: So ist das Thema noch viel zu groß. Sie müssten sehr genau diskutieren, was „Nützlichkeit" bedeutet in Bezug auf Marketingkampagnen – und wie Sie diese überhaupt messen wollen. Beides ist sehr herausfordernd. Aus meiner Erfahrung lässt sich der Erfolg von Marketingkampagnen nur schwierig eindeutig messen. Also so ist es jedenfalls noch eine zu breite und gegebenenfalls nicht machbare Fragestellung.

Ein drittes Beispiel einer zu großen Forschungsfrage für eine Bacheloroder Masterarbeit:

Beliebtheit, Veränderung und Nachhaltigkeit des Themas Liebe in Romanen seit 1920
Sie ahnen es: Auch dieses Thema halte ich für zu breit. Durch die Aufzahlung vieler sehr großer Begriffe im Titel, erhöht sich die Komplexität. Davon würde ich abraten. Knapp, kompakt und klar sollte Ihr Thema sein, überschaubar und machbar.

Was lernen wir aus all den Beispielen ganz allgemein? Wer ein ambivalentes oder subjektives Thema spannend findet (wie die Schönheit in Romanen, oder den Erfolg von Kampagnen etc.) und daraus doch unbedingt eine Bachelor- oder Masterarbeit machen will, muss jedenfalls alle Fragen, die ich oben unter dem ersten Beispiel für ungünstige Forschungsfragen formuliert habe, für sich klären. Man wird die Begriffe genauestens diskutieren und definieren müssen. Manchmal werden natürlich genau aus solchen Themen dann ganz besonders spannende Arbeiten. Aber Sie müssen auch nicht immer den schwersten Weg wählen (ich persönlich mag schwere Wege, und wer das toll findet, findet vielleicht genau auf diese Weise sein oder ihr Thema!).

Weiter oben in diesem Kapitel habe ich Ihnen aber deutlich einfachere Themenbeispiele genannt, die auch zu einer sehr guten Note führen können. Daher können Sie sich auch gerne einfach daran orientieren.

Wir fassen zusammen: Manche Themen sind zunächst mal zu groß und man muss sie „runterkochen". Schauen, ob das Thema im Rahmen der Arbeit bewältigbar ist. Begriffe definieren, Stichprobe eingrenzen etc.... Das meine ich mit „Machbar-Machen" für eine Bachelorarbeit.

Ihr persönlicher Forschungsfragen-Finder

Nach unserer Vorarbeit haben Sie jetzt einige Tools bekommen, wie Sie aus einem Thema, das Sie mögen, eine Forschungsfrage machen können (zum Beispiel über den Brückenbau zu einem Kontext, über das Suchen einer passenden Forschungsmethode oder über einen Vergleich etc.). In diesem Kapitel führen wir die Gedanken oben nochmal in eine finale Fragen-Checkliste für Sie zusammen.

Wenn Sie bereits eine Forschungsfrage haben: Super – nutzen Sie die folgenden Check-Fragen dann gerne trotzdem, um Ihre Forschungsfrage nochmal abzurunden oder ihr einen kleinen Extra-Twist zu geben. Wenn Sie noch keine Forschungsfrage haben: Mit dieser Checkliste werden Sie etwas finden. Danach denke ich, dass jeder und jede von Ihnen ein Thema und eine Fragerichtung gefunden haben wird, aus der eine machbare Bachelor-, Master- oder Promotionsarbeit entstehen kann.

Diese Fragen sind ein kompakter Rückblick auf den ganzen Schritt 1, verbunden mit ganz konkreten Fragen an Sie. Es ist also mal wieder Zeit für ein paar Tassen Tee.

Frage 1: Wir erlauben uns noch ein letztes Mal einen Exkurs auf die grüne Wiese. Welches Thema fasziniert Sie denn ganz allgemein in Ihrem Leben? Nochmal unabhängig von der Bachelor- oder Masterarbeit. Und unabhängig von dem, was wir im Kapitel oben überlegt haben. Nochmal ganz auf Null. Was fasziniert Sie? Welche Themen? Nennen Sie dazu nochmal 2–3 Beispiele. Themen, die Sie begeistern. Mal sehen, was dabei jetzt nach unserer Reise nochmal entsteht. Und keine Angst, Sie können – müssen das aber später nicht in Ihre Frage einbauen. Einfach noch einmal frei denken.

Teepause Forschungsfragen-Finder

Versuchen Sie, die Frage noch einmal auf sich wirken zu lassen. Gehen Sie dazu einfach ein paar Mal um Ihren Tisch herum oder durchs Zimmer. Schauen Sie aus dem Fenster. Tun Sie's einfach. Trinken Sie Kaffee oder Tee oder etwas, das Sie mögen. Welche Assoziationen und Gedanken kommen Ihnen?

Frage 2: So, wir sind zurück von unserer grünen Wiese. Wir landen wieder auf dem Boden der Realität und Machbarkeit und denken nochmal etwas spezieller nach, diesmal aber zugeschnittener auf Ihr Studium: Welches Thema haben Sie in Ihrem Studium gerne bearbeitet? In welcher Vorlesung kam das Thema vor? Was mochten Sie daran?

Teepause Forschungsfragen-Finder

Auch, wenn ich annehmen muss, dass der Kaffee- oder Teekonsum bei Ihnen inzwischen beträchtlich gestiegen sein dürfte: Lassen Sie uns auch hier nochmal pausieren. Lesen Sie die Frage nochmal in Ruhe. Laufen Sie wieder durchs

Zimmer. Oder mal auf den Balkon. Oder in die Küche. Welche Gedanken kommen Ihnen nun? Gehen Sie ans Bücherregal. Welche Bücher aus dem Studium mochten Sie? Welche Antwort kommt Ihnen?

Frage 3: Taucht Ihr Lieblingsthema aus Frage 1 oder das Thema aus Ihrem Studium in Frage 2 in Ihrer Forschungsfrage auf? Gibt es eine Möglichkeit, es einzubauen? Beide zu verbinden?

Wenn man das wollte: Wie würde man das machen können? Ein Beispiel: Ihre Antwort auf Frage 1 war: Musik. Sie lieben Musik. In unseren Vorüberlegungen dieses Kapitels hatten Sie aber als Thema TikTok und die Verlagsbranche ausgewählt. Oder ein anderes Thema und einen anderen Kontext. Kann man vielleicht einen Vergleich zur Musikindustrie ziehen? Oder Musik auf TikTok untersuchen? Oder Musik in Verlagen? In Büchern? Schauen Sie, wir können es nicht erzwingen – aber manchmal ergibt sich an dieser Stelle nochmal ein spannender Twist. Und wenn nicht, dann ist es auch in Ordnung. Ich habe es schon gesagt und sage es gerne nochmal: standardisierte Bachelor- und Masterarbeitsthemen sind auch völlig in Ordnung.

Frage 4: Wenn Sie ein Thema haben, das Sie untersuchen möchten: Wie können Sie das Thema spezifizieren, gibt es ein Unterthema, das man untersuchen kann, einen Spezialfall? Beispiel: Statt „alle Romane" lieber „historische Romane", statt „KI" lieber „KI in der Bildgenerierung".

Teepause Forschungsfragen-Finder

Wie ist das bei Ihrem Thema? Wie können sie es eingrenzen?

Frage 5: Wie können Sie dieses zugespitzte Thema evtl. mit einem Kontext verbinden? Mit einem gesellschaftlichen Trend, einem Unternehmen, einer Gruppe…? Inspiration dazu:

- Bsp. 5a: Verbinden Sie doch mal das Thema KI mit Verlagen
- Bsp. 5b: Verbinden Sie abstrakte Kunst mit Instagram
- Bsp. 5c: Verbinden Sie Diversität mit öffentlichen Verkehrsmitteln
- Bsp. 5d: Verbinden Sie romantische Liebe mit Netflix
- Bsp. 5e: Verbinden Sie KI mit der Messung von hochenergetischen Teilchen

Ihrer Fantasie sind keine Grenzen gesetzt.

> **Teepause Forschungsfragen-Finder**
>
>
>
> Und bei Ihnen? Mit was könnten Sie Ihr Thema verbinden? Passt etwas oben aus der Liste? Oder überhaupt nicht? Warum nicht? Mit was müsste man Ihr Thema verbinden?

Frage 6: Was könnte bei Ihrer Thematik oder Frage und Untersuchung denn ggf. herauskommen? Achtung: Das ist keine Fangfrage! Natürlich forschen Sie später ergebnisoffen! Sie wollen ja nicht eine vorgebildete Meinung durch Ihre Forschung verfestigen. Das würde man „confirmation bias" nennen, also „Bestätigungsfehler" auf Deutsch. Das wäre nicht wissenschaftlich. Man soll nicht finden, was man sucht – sondern offen sein für jedes Ergebnis.

Aber: Auch wenn Sie sich nicht bestätigen wollen, dürfen Sie trotzdem mal grübeln, was denn so in etwa rauskommen könnte. Denn diese Frage hilft beim Formulieren der Forschungsfrage. Also nochmal: Was könnten Sie bei Ihrer Thematik und ggf. Ihrer Frage bei einer Untersuchung herausbekommen?

Hier, was man bei obigen Beispielen erwarten könnte, herauszubekommen:

- Zu 5a: Vielleicht verwenden Verlage KI bereits bei der Manuskriptevaluation – oder noch zu wenig? Was empfehlen Sie also? Warum?
- Zu 5b: Vielleicht kann man abstrakte Kunst auf Instagram so verwenden, dass Menschen wieder mehr ins Museum gehen. Wer macht das schon erfolgreich und wie? Oder geht es nicht? Warum?
- Zu 5c: Vielleicht sind öffentliche Verkehrsmittel ein toller Ort, um für Diversität zu werben. Wie? Wird das schon irgendwo gemacht? Gibt es Gegenbeispiele? Risiken?

Bei der Reflexion möglicher Ergebnisse Ihrer Untersuchung wird Ihnen nochmal klarer, was herauskommen könnte – und auch, wie Sie entsprechend die Untersuchung angehen könnten oder wie Ihre Forschungsfrage lauten sollte.

Frage 7: Was bedeutet das, was herauskommen könnte? Gemeint ist: Was lernen wir dann daraus? Könnten Sie aus Ihren Erkenntnissen eventuell eine Handlungsempfehlung entwickeln? Oder was würde noch daraus folgen? Wollen Sie vielleicht zwei verschiedene Märkte miteinander vergleichen? Oder zwei Branchen? Zwei Theorien? Zwei Konzepte? Zwei Kulturen? Könnten aus diesem Vergleich spannende Ähnlichkeiten oder Unterschiede sichtbar werden?

Frage 8: Jetzt werden Sie nochmal aktiviert.

Teepause Forschungsfragen-Finder

Bitte öffnen Sie mal einen Browser und eine Suchmaschine. Zum Beispiel Google, oder eine Suche in der Bibliothek, oder SpringerLink. Ich persönlich nutze hier aber immer auch das Internet. Vielleicht gibt es dort auch Open Access Archive, in denen Publikationen für Ihr Fach zu finden sind. In Physik war das das ArXive. Inzwischen gibt es solche OA Archive für sehr viele Fächer. In Philosophie war es die Stanford Encyclopedia. Auch so etwas kann es inzwischen in Ihrem Fach geben. Suchen Sie so ein Archiv. Suchen Sie in dem Archiv.

Welche Literatur können Sie in einem ersten Anlauf über die Suche zu Ihrem Thema finden? Starten Sie, indem Sie einige Stichworte oder Keywords in die Suche eingeben. Was kommt dabei hoch? Welche Quellen sind das? Hat schon jemand in die Richtung geforscht? Dann bitte nicht aufgeben, einfach mal schauen, was es schon gibt, und wo Sie da andocken können. Wenn jemand Ihre Frage schon gestellt hat, ist es doch eigentlich toll! Das ist doch ein Kompliment: Sie sind auf einem guten Weg! Ihre Frage lässt sich sicher modifizieren, um den bisherigen Forschungsstand zu ergänzen.

Was finden Sie? Gibt es zu Ihrem Thema schon komplette Ergebnisse oder nur Tendenzen, die Sie noch genauer untersuchen können? Können Sie Ihr Thema vielleicht einfach ein bisschen spezieller machen oder das Thema in Anwendung auf ein konkretes Unternehmen oder eine Branche nochmal aus einem leicht anderen Blickwinkel untersuchen?

Versuchen Sie, in der Internet- oder Bibliothekssuche Ihre Frage nochmals ein wenig zuzuspitzen. Es ist in jedem Fall wichtig und unvermeidlich, den aktuellen Stand der Forschung auf ihrem Gebiet zu kennen. Daher ist eine Internetrecherche, oder eine Recherche in ihrer Bibliothek immer gut investierte Zeit. Speichern Sie die Links und Literatur auch immer gleich ab, Sie brauchen Sie später sowieso für Ihre Literaturliste und Referenzen. Doppelt gut investierte Zeit. Also einfach mal ein bisschen browsen. Was zeigt sich Ihnen?

Frage 9: Nochmal zum Kontext: Wo findet das Thema, das Sie interessiert, Anwendung? Wer beschäftigt sich mit diesem Thema? Welche Unternehmen brauchen es oder wollen etwas dazu wissen? Wer würde gerne in diesem Themengebiet besser werden? Welches Unternehmen möchte sich auf diesem Gebiet verbessern? Oder für welche Unternehmen oder Gruppen wäre es nützlich, mehr über dieses Thema zu wissen? Was genau wollen diese Unternehmen wissen?

Hier ein paar Beispiele, was viele Unternehmen heutzutage wissen wollen:

- Verlage möchten wissen, wie man Bestseller „strickt". Welche Themen wie und warum wo ankommen oder nicht.
- Zeitungen möchten wissen, welche digitalen Geschäftsmodelle die Zukunft bringt und wie sie ihre Artikel monetarisieren können.
- Technologieunternehmen möchten wissen, wie sie ihre Arbeit ansprechend auf Blogs präsentieren.
- Alle möchten wissen, was die Plattformen und Technologien der Zukunft sind oder wie man sie anwenden kann.
- Viele Unternehmen möchten wissen, wie sie nachhaltiger sein können, oder wie sie Nachhaltigkeit kommunizieren können.
- Alle möchten wissen, wie sie bestimmte Menschengruppen besser erreichen können.
- Viele Unternehmen möchten wissen, wie sie wertschätzend mit Mitarbeitenden kommunizieren können.

Sie sehen, diese Liste lässt sich lange fortsetzen. Habe ich hier schon ein Thema angerissen, dass Sie auch interessiert? Wenn nicht, dann können Sie sich von diesen Themen möglicherweise inspirieren lassen und sie für sich abwandeln.

Frage 10, meine Schablone für Sie für den Notfall: Und für alle Fälle habe ich hier einfach ein ganz konkretes Thema für Sie, das Sie nehmen können, wenn Ihnen sonst gar nichts eingefallen ist. Ein Thema, das sich in verschiedensten Gebieten sehr gut immer wieder stellen und untersuchen lässt und in abgewandelter Form möglicherweise auch für Sie passt:

Wie kann (eine bestimmte Social Media Plattform) für (Unternehmen der Branche XY) besonders erfolgreich genutzt werden?
(Eine ähnliche Frage können Sie leicht auch bezüglich Technologien und ähnlichem stellen).

Sie fragen sich dann:

- Welcher Social-Media-Kanal ist für Sie besonders interessant? Welche sozialen Medien konsumieren Sie selbst? Welche Kanäle haben Sie abonniert?
- Wem oder was folgen Sie und warum?
- Was könnte man daraus lernen und welche Branche könnte auf diesen Zug mit aufspringen?
- Wie kann auf dem jeweiligen Kanal Content besonders erfolgreich aufbereitet und gespielt werden? Dieses Thema lässt sich in sehr vielen Varianten für viele unterschiedliche Unternehmen untersuchen.

Übertragen Sie genau diese Forschungsfrage-Form sonst bestmöglich auf ein Thema aus Ihrem Bereich. Ich denke, dass diese Schablone sehr vielfältig angewendet werden kann – und trotz aller Standardisierung zu spannenden Arbeiten führen wird. Vielleicht können Sie in Ihrer Bachelorarbeit genau die Frage oben analysieren und für ein Unternehmen oder eine Branche einen Prototypen entwickeln, oder konkrete Handlungsempfehlungen ableiten.

Unterschied Thema und Forschungsfrage

In diesem Buch verwende ich beide Begriffe fast austauschbar, fast synonym. Aber zur Sicherheit, falls jemand es genauer wissen wollte: Das Thema Ihrer Arbeit ist tendenziell Ihre Überschrift. Die Forschungsfrage, die Sie am Ende Ihrer Einleitung motivieren und aufschreiben müssen, ist das Thema – in Frageform.

Und hier diese Anmerkung auch nochmal mit Nachdruck: Am Ende Ihrer Einleitung muss die Forschungsfrage nochmals formuliert werden. Sie müssen am Ende der Einleitung auch erklären, warum Ihre Forschungsfrage sich Ihnen stellt. Es muss dabei klar werden, dass hier tatsächlich noch Raum für diese Frage ist. Dass die Frage also nicht schon durch den aktuellen Forschungsstand beantwortet wurde. Dass sie nicht zu trivial ist.

Sie müssen beschreiben, dass auf Basis des bisherigen Erkenntnisstandes noch unklar ist, warum/wie … und dann Ihre Forschungsfrage begründen. Und dann schreiben Sie: „Daher ergibt sich für diese Bachelor-/Masterarbeit folgende Forschungsfrage: …" Und dann schreiben Sie sie hin. Ich werde Sie im Schritt 7 bei der Gliederung auch nochmal daran erinnern. Dies jedenfalls ist der Unterschied zwischen Thema und Forschungsfrage.

Das Gespräch mit Ihren Betreuenden suchen

Ich möchte es zur Sicherheit nochmal deutlich sagen: Eine Forschungsfrage muss natürlich immer mit Ihrem Betreuer oder Ihrer Betreuerin genau abgestimmt werden. Gerade, wenn Sie noch im Bachelor sind, werden Sie nicht die gesamte Forschungslandschaft überblicken können.

Sie müssen klären – natürlich nach einer ersten eigenen Recherche in Suchmaschinen, im Internet und in Journals/Büchern – ob Ihre Frage sich so überhaupt gerade oder noch stellt, oder ob sie bereits erforscht wurde. Bitte vereinbaren Sie dazu einen Termin mit Ihrem Betreuer oder Ihrer Betreuerin und sprechen Sie darüber, ob das Thema so sinnvoll und machbar scheint.

Falls Ihr Thema bereits stärker erforscht wurde, als Sie dachten, oder Ihr Betreuer oder Ihre Betreuerin sieht, dass das Thema aktuell noch zu groß ist für eine Bachelor- (oder sogar Master)-Arbeit, dann können Sie es immer noch zuspitzen, auf einen Spezialfall anwenden oder einen anderen Kontext übertragen. Sie können den aktuellen Forschungsstand um einen neuen Aspekt ergänzen – es gibt dann immer noch viele Möglichkeiten und Sie sind auf jeden Fall schon einen großen Schritt weiter als zuvor – denn jetzt fragen Sie schon sehr konkret nach dem aktuellen Stand der Erkenntnis in Ihrem Gebiet und wo Sie noch etwas beitragen können. So findet sich ggf. im Gespräch mit Ihrem Betreuer oder Ihrer Betreuerin dann Ihr finales Thema.

Übergang in den nächsten Schritt

Möglicherweise haben Sie jetzt eine Vorstellung gewonnen, wohin Ihre Bachelorarbeit oder Masterarbeit gehen kann. Das würde mich freuen! Aber selbst, wenn dies trotz allem noch nicht der Fall sein sollte, lohnt es sich, auch jetzt schon über eine Methodik nachzudenken. Denn die Methodik kann auch im Nachhinein die Frage inspirieren oder konkretisieren, wie wir oben bereits einmal erwähnt haben.

Wenn Sie bereits eine Idee von einem möglichen Thema haben, umso besser. Wenn nicht: Lesen Sie weiter und bleiben Sie entspannt. Es kommt Ihnen schon noch etwas in den Sinn. Und wenn nicht, nehmen Sie eines meiner Beispiele oben als Ihr eigenes Thema. Oder die Schablone aus Schritt 10.

Viele meiner Fragen oben sind noch längst nicht genügend untersucht oder sie lassen sich auf alle möglichen alternativen Branchen oder Kontexte ausdehnen. Wenn Sie eines der Themen oben leicht abändern, ist die Wahrscheinlichkeit sehr groß, dass Sie dieses Thema so nehmen können. Denn bevor Sie gar keine Frage für sich finden, variieren Sie einfach eine meiner Fragen oben. Das ist völlig in Ordnung und kann trotzdem zu einer top Note führen. Denn letztlich sollen Sie in einer Bachelor- oder Masterarbeit überhaupt erstmal zeigen, dass Sie wissenschaftlich arbeiten können – also eine Arbeit genau entlang dieser 10 Schritte in diesem Buch durchführen können. Und man muss dabei nicht immer den allerschwersten Weg wählen, OK?

Lassen Sie uns in jedem Fall nun gemeinsam in Kap. 2 in eine Übersicht über verschiedene wissenschaftliche Methoden einsteigen. Überlegen Sie beim Lesen stets konkret, welche Methode Ihnen am meisten zusagt. Alle Methoden bringen natürlich Vor- und Nachteile mit sich. Keine ist absolut besser als eine andere. Sie sind im Grunde bezüglich einer Bachelorarbeit alle gleichwertig – und hängen nur vom Thema oder Fachgebiet ab. Manche finde ich persönlich einfacher, aber da können Sie anderer Meinung sein, und das ist natürlich völlig legitim. In Kap. 2 geht es darum, eine Methode zu finden, die Ihnen am meisten entspricht und am leichtesten fällt – und die natürlich auch zu Ihrem Thema passt. Das ist ehrlich viel leichter als es klingt. Vor allem, wenn man die Stolpersteine jeweils kennt und dann umgehen kann. Legen wir los.

3

Schritt 2: Die Methode – Wie Sie Ihre Forschungsmethode wählen

Inhaltsverzeichnis

Vorab Extra-Infos für die Masterarbeit	41
Methode 1: Die qualitativ-quantitative oder vergleichende Inhaltsanalyse	42
Methode 2: Experten- und Expertinneninterviews	63
Methode 3: Die Umfrage	69
Methode 4: Der Prototyp	75
Methode 5: Die Eigendefinition	81
Wie Sie Ihre Forschungsfrage und Methode kombinieren	84
Weiterführende Literatur	85

Hier hat Midjourney für mich folgenden Satz umgesetzt: *A young woman wants to quizz some people, holding a questionnaire and a pen, but these people are not very interested and busy doing other things.* So kann es leider kommen – aber was man dann tun kann, um immer noch eine tolle Arbeit zu schreiben, erfahrt Ihr in diesem Kapitel.

Eine Bachelor- oder Masterarbeit ist eine sogenannte „wissenschaftliche Arbeit". Also eine Arbeit, in der systematisch und logisch ein Thema ausgearbeitet wird. Sie werden das erreichen, wenn Sie den 10 Schritten unseres Crashkurses folgen.

Eine Bachelor- oder Masterarbeit besteht jeweils aus einer klaren Forschungsfrage, wie wir sie gemeinsam in Schritt 1 diskutiert haben, kombiniert mit einer Untersuchungsmethode, mit der sie eine oder mehrere Antworten finden möchten. Ihre Methode kann auf Ihre Frage rückwirken und diese nochmal zuspitzen, und umgekehrt bestimmt Ihre Frage auch die Methode – wir sehen gleich genauer, wie das funktioniert.

Es gibt ungeheuer dicke Bücher zum Thema Forschungsmethoden und wissenschaftliches Arbeiten. Und ganze Vorlesungsreihen. Das ist auch gut und wichtig, und Voraussetzung für Ihre Arbeit sollte idealerweise sein, dass Sie mindestens eine Vorlesung zum Thema besucht und bereits Erfahrungen gesammelt haben.

Meine Erfahrung mit meinen Studierenden ist, dass diese danach leider oft den Wald vor lauter Bäumen nicht mehr sehen. Klingt bekannt? Es ist oft einfach zu viel an Information. Daher habe ich hier 5 Methoden für Sie ausgewählt, die sich in meiner Praxis bewährt und zu guten Noten geführt haben. Dieser Überblick ist daher natürlich nicht vollständig und auch zu den einzelnen Methoden kann man viel mehr sagen als ich es hier tue – aber mit meinem Werkzeugkasten stehen Sie jedenfalls schon nicht mehr ganz hilflos da – und vielleicht ist er auch schon alles, was Sie brauchen. Los geht's!

Vorab Extra-Infos für die Masterarbeit

Natürlich müssen Sie auch in der Masterarbeit eine Forschungsmethode auswählen. Der im Folgenden vorgestellte Schritt 2 ist für Sie also auch zu gehen. Während ich aber an manchen Stellen im Bachelor warnen muss, dass manche Methoden zu aufwendig oder zeitintensiv sein können, weil Sie beispielsweise auf Interviewpartner oder -partnerinnen warten müssen oder auf Umfrageergebnisse, können Sie diese Methoden mit mehr Selbstvertrauen im Master auswählen. Sie haben mehr Zeit und können Fragebögen und Interviews auch detaillierter und gründlicher vorbereiten.

Daher wird Ihr Blick nicht so stark auf die Machbarkeit der Methode gerichtet sein wie im Bachelor, wo wir der ersten Methode, die ich vorstellen werde, der so genannten qualitativ-quantitativen Untersuchung, im Allgemeinen Vorzug geben, weil man sie unabhängig und zügig alleine durchführen kann. Vielmehr wird die Auswahl der Forschungsmethode jetzt freier wählbar sein.

Ich empfehle, die Methode nun gezielt passend zum Thema auszuwählen. Was wollen Sie erfahren? Wo können Sie dies am besten erfahren? Von einzelnen Menschen? Von hunderten befragten Personen? Aus der Literatur? Aus einem Vergleich?

Wenn Sie sich unsicher sind, schauen Sie in die aktuelle Forschungsliteratur zu Ihrem Thema. Wie wird dort methodisch vorgegangen? Welche Methode wird hier oft verwendet? Stößt diese Methode an Grenzen? Wo und warum? Wie könnten Sie diese Grenzen mit einer neuen Methode überwinden? Wie könnten

Sie zusätzliche Informationen gewinnen, indem Sie mal eine andere Methode verwenden? Oder anders: Folgen Sie doch ggf. der meistgenutzten Methode – und fragen Sie etwas Neues.

Bei der Wahl Ihrer Methode können und müssen Sie jedenfalls inhaltlicher nachdenken und müssen nicht so stark auf die Machbarkeit blicken. Denn alle im Folgenden vorgestellten Methoden sind im Rahmen einer Masterarbeit prinzipiell gut machbar.

Wir werden auch über die Kombination von Methoden sprechen. Auch hierdurch kann eine interessante Arbeit entstehen, denken sie also beim Lesen auch darüber einmal nach. Wir sprechen in einem späteren Schritt über Ihre Schreibphase und die Zeitplanung – die ist dann ggf. etwas detaillierter zu planen. Aber vielleicht finden Sie in der Kombination von Methoden einen spannenden Ansatz.

Methode 1: Die qualitativ-quantitative oder vergleichende Inhaltsanalyse

Eine der Methoden, die in meinen Arbeiten am häufigsten Anwendung findet, ist die vergleichende Analyse oder qualitativ-quantitative Analyse, die verwandt ist mit der qualitativen Inhaltsanalyse nach Mayring. Der Grund, warum ich diese Methode gerne empfehle, ist, dass man dabei ganz unabhängig und selbstständig im eigenen Tempo arbeiten kann. Wenn Sie hingegen beispielsweise „Interviews" als Methode wählen, sind Sie davon abhängig, ob Ihre Interviewpartner und -partnerinnen Ihnen wirklich für ein Interview bereitstehen. Sie müssen dann gegebenenfalls lange warten, immer wieder nachhaken und haben am Ende vielleicht nur wenige Interviewpartner und -partnerinnen gewonnen. Das ist bei einer Masterarbeit nicht ganz so schlimm, weil Sie mehr Zeit haben – bei einer Bachelorarbeit von 3 Monaten kann das aber sehr stressig werden.

Dies umgehen Sie mit der vergleichenden Analyse. Und weil ich diese für ein so positives Beispiel halte, widme ich in ihr in meinem Buch auch etwas mehr Platz. Und sie bekommt sogar noch ein Sonnenbanner.

3 Schritt 2: Die Methode – Wie Sie Ihre Forschungsmethode wählen

Wie funktioniert sie? Im Folgenden gebe ich Ihnen erst eine Art Crashkurs-Einführung, und dann gehen wir nochmal detaillierter auf die Inhaltsanalyse nach Mayring ein, für diejenigen von Ihnen, die diese Methode wählen möchten – den Teil lesen Sie dann aber bitte nur, wenn Sie diese Methodik auswählen, sonst ist es zu viel Detailwissen für Sie.

Ihre Stichprobe definieren

Bei dieser Methode geht es darum, Dinge miteinander zu vergleichen. Zum Beispiel verschiedene Webseiten. Oder Social-Media-Kanäle. Oder Bücher. Oder Genres. Oder Gruppen. Oder Theorien. Magazin-Cover. App-Gestaltungen usw. …

Im Rahmen der Methode wird man eine bestimmte Anzahl davon jeweils ansehen und miteinander vergleichen müssen. Wie groß Ihre Stichprobe sein wird, sollten Sie sich gut überlegen und begründen. Es ist klar: Wenn Sie nur zwei Magazincover vergleichen, lernen Sie möglicherweise zu wenig Allgemeines über Magazincover – wenn es 200 Magazincover werden sollen, die Sie analysieren, wird es ein großer Aufwand für Sie. Eine gute Balance ist also das Ziel.

Teepause wissenschaftlich arbeiten – Stichprobe

Wie ist es bei Ihnen? Was und wie groß wird Ihre Stichprobe sein? Wieso ist das bei Ihnen eine gute Größe?

Die Wahl der Stichprobe ist nicht ganz trivial – aber wer das gut macht, bekommt tendenziell eine gute bis sehr gute Note. Also: Hier bitte gut nachdenken und begründen, was Sie tun.

Wie viele Cover/Bücher/Theorien/Systeme/Gruppen/Unternehmen … vergleichen Sie und welche und warum? Woher haben Sie Ihre Stichprobe? Auf welche Datenbank haben Sie zugegriffen? Warum diese? Reicht die Stichprobe aus? Warum? Das müssen Sie aufschreiben, und das trägt dann zu einer guten Note bei.

Wenn Sie Elemente einer Gruppe miteinander vergleichen wollen (wie z. B. Webseiten, Magazincover, Bücher…), müssen Sie dann weiterhin vorher definieren, bezüglich „was" Sie die Elemente vergleichen wollen. Das nennt man die sogenannten „**Kategorien**".

Ein Beispiel: Sie möchten Ihre Familienmitglieder miteinander vergleichen. Ohne vorher zu sagen, bezüglich „was", ist ein Vergleich gar nicht möglich, da jeder Mensch vollkommen individuell und einzigartig ist. Definiere ich aber vorher, dass ich die Familienmitglieder bezüglich Größe, Haarfarbe und Geschlecht vergleichen möchte, so kann ich hier eine Datenerhebung durchführen: es gibt dann vielleicht drei Braunhaarige, zwei Blonde und ein schwarzhaariges Familienmitglied, oder ähnlich. Das ist dann übrigens eine quantitative Analyse, weil ich abzähle, also Häufigkeiten registriere. Größe, Haarfarbe und Geschlecht sind in diesem Fall meine Untersuchungskategorien.

Wenn Sie definieren, bezüglich „was" Sie Ihre Dinge vergleichen wollen, dann wird die Messung nicht immer so einfach sein wie oben. Denn: Wie messe ich Geschlecht? Nehme ich biologisches oder soziales Geschlecht? Sie kennen die spannende Diskussion. In Ihrer Arbeit müssen Sie Ihre Kategorien auch klar definieren und gut begründen, was genau Sie wie messen. Darum geht es gleich im nächsten Abschnitt nochmal genauer – da machen wir das zusammen.

Zuvor aber noch abschließend zur Größe Ihrer Stichprobe: Sie können im Rahmen einer Bachelor- oder Masterarbeit nicht alle Social-Media-Kanäle aller Unternehmen auf der Welt untersuchen. Nicht alle Romane seit Beginn der Menschheit, nicht alle Technologien etc. Sie wählen also aus der großen Gruppe aller Möglichkeiten, zum Beispiel aus der Menge aller Magazine, eine Untergruppe aus. Zum Beispiel: Alle Frauen-Magazine. Dabei wird nun die Frage entstehen: Was sind Frauen-Magazine? Lässt sich hier eine klare Untergruppe definieren? Diese und ähnliche Fragen werden Sie für sich und in der Arbeit klären und in den Methodenteil schreiben müssen.

Sie sehen: Das ist kein Hexenwerk, sondern einfach ruhiger Verstand. Das können Sie! Im nächsten Kapitel geht es genauer darum, damit Sie das nicht ganz alleine schaffen müssen.

Teepause wissenschaftlich arbeiten – Stichprobe

Was genau wollen Sie untersuchen? Damit meine ich: Welche Gesamtheit. Sind es Bücher? Oder Menschengruppen? Sind es Kulturen? Contentformate? Cover? ...

Wie könnten Sie im zweiten Schritt diese große Menge sinnvoll eingrenzen? Beispiel: Wie wäre es, nur eine bestimmte Generation statt „alle Menschen" zu untersuchen? Eine Generation, die Ihnen auch gut zugänglich ist? Wie wäre es, nur eine Social Media Plattform oder Technologie zu untersuchen? Nur eine ausgewählte Zahl von dem, was Sie interessiert?

Und nicht zuletzt: Warum und wie wählen Sie Ihre Stichprobe aus? Das sollten Sie begründen. Beispielsweise: Warum untersuchen Sie die Generation Z? Antwort könnte sein: Weil ich die mit meiner Untersuchungsmethode am besten erreiche. Dann frage ich nochmal nach: Ist denn die Generation Z für Ihr Forschungsthema auch relevant? Sie könnten sagen: Ja klar, der Verlag/das Content-Format/der Trend, den ich untersuchen will, ist in der Generation Z interessant zu untersuchen, weil... Firmen genau diese Gruppe besser verstehen wollen (oder ähnlich). Ich würde dann weiter nachfragen, warum gerade diese Gruppe, und Sie würden mir sicher wieder schlau antworten. Und wenn Sie am Ende all das, was wir hier gerade diskutiert haben, in die Einleitung Ihres Methodenteils schreiben, dann ist Ihnen eine deutlich bessere Note schonmal sicher.

Fazit: Grenzen Sie Ihre Stichprobe ein und begründen Sie das gut.
Nochmal zu einem anderen Beispiel: Wenn Sie nur einige ausgewählte Bücher eines Genres untersuchen und miteinander vergleichen, oder eben nur wenige Elemente Ihrer Stichprobe – warum gerade diese und keine anderen? Wenn Sie nur einige Magazincover oder Mangas oder was auch immer vergleichen – warum gerade die? Einfach bitte begründen und auch im Methodenteil Ihrer Arbeit dann aufschreiben.

Sie sehen, das alles erfordert ein bisschen Grübeln – aber das ist an dieser Stelle sehr gut investiert. Das ist ein wichtiger Teil Ihrer Prüfungsleistung. Ja, das Wählen der Stichprobe ist vielleicht nicht ganz einfach, aber das geht allen so, was schonmal beruhigend ist. Gehen Sie diese Fragen hier nochmal und nochmal durch, und dann wird sich schon eine Antwort finden, was genau Sie warum untersuchen. Beantworten Sie dies gut und schreiben Sie es auch in den Methodenteil Ihrer Bachelorarbeit hinein, dies ist für Ihre gute Note nachher entscheidend.

Ihre Kategorien definieren

Man wird im Allgemeinen, wie oben erwähnt, sowohl quantitative als auch qualitative Merkmale untersuchen. Man spricht hier auch von „**Kategorien**", die man bildet und dann untersucht. Beispiel für quantitative Kategorien: „Wie viele Posts gab es auf einem Kanal/auf einer Website in einem bestimmten Zeitraum?", „Wie viele Likes?" etc. Dies wären **quantitative Merkmale**, weil Sie hier etwas abzählen.

Wohingegen: „Welche Inhalte wurden verbreitet?", „Waren die Inhalte humorvoll?", „Wie war die Stimmung in den Kommentaren?" **qualitative Merkmale** wären. Beides ist möglich, Sie können quantitative und qualitative Kategorien haben, und daher heißt diese Methode auch **qualitativ-quantitative Analyse**.

Kurz zu den qualitativen Kategorien: Wenn Sie etwas sammeln, das Sie nicht in Zahlen messen können, wie beispielsweise verschiedene Themen, die auf einem Kanal verbreitet wurden oder auf verschiedenen Kanälen etc., dann müssen Sie diese qualitativen Ergebnisse später kodieren. Das heißt, dass Sie versuchen müssen, Klassen zu definieren, in die Sie Ihre Ergebnisse einordnen können.

Hier ein Beispiel, wie Sie die Kategorie „Welche Themen wurden gepostet?" beispielsweise kodieren könnten:

Thema	Kodierung	Mögliche Übergruppen?
Elefanten auf der Müllhalde	Umweltverschmutzung	Naturzerstörung
Eisbären gehen Baden	Klimawandel	Naturzerstörung
SPD bringt weitere Petition gegen Kernkraftwerke ein	Politik/Energie	Energie
Fridays For Future geht auf die Straße	Klimawandel	Naturzerstörung

Beim Kodieren müssen Sie aufpassen, dass Ihre Überkategorien nicht zu subjektiv gewählt sind. Beispielsweise müsste ich, wenn ich eine Arbeit schreiben wollte, meine Kategorien idealerweise nochmals von jemandem zweiten erstellen lassen – und sehen, ob wir in etwa auf dasselbe Ergebnis kommen. Im Kapitel über die Inhaltsanalyse nach Mayring am Ende dieses Abschnitts gehe ich darauf nochmal genauer ein.

Aber erst durch das Erstellen einer Kodierung können Sie jedenfalls Trends feststellen – lauter Einzelergebnisse allein ergeben noch keine Erkenntnis.

Ein Negativbeispiel: Zu viele Kategorien und keine Kodierung

Eine Person wollte einmal bei mir in einer Arbeit verschiedene Webseiten miteinander vergleichen. Dazu definierte die Person sehr viele Kategorien, vielleicht 20 – darunter quantitative (Wie viele Zeichen hat die Webseite? etc.) und qualitative (Welche Themen werden präsentiert? etc.).

Da die Person nachher keine Kodierung durchführte, war es nicht möglich, aus der Erhebung etwas zu lernen. Wir hatten ganz viele Themen nebeneinander stehen – ja und jetzt? Was lernen wir daraus? Gibt es einen Trend? Bestimmte ähnliche Themen, die immer wieder vorkommen? Das alles wurde nicht untersucht.

Und 20 Kategorien waren auch viel zu viel. Wir blickten im Datendschungel nicht mehr durch. Und nicht zuletzt: Was wollte man aus der Zeichenanzahl jeder Webseite lernen? Bitte achten Sie darauf, dass Sie nicht zu viele Kategorien definieren und Ihre Kategorien auch gut motivieren – was Sie jeweils daraus zu lernen hoffen. Einfach nur wild irgendwas messen, wird Ihnen gar nichts bringen.

Und woher wissen Sie, was Sie messen sollen? Darauf gehe ich im Detail im Unterabschnitt Inhaltsanalyse nach Mayring ein. Aber ein Beispiel gibt es für Sie noch in der Teepause – was ich da zeige, nennt man übrigens induktive Kategorienbildung.

Teepause wissenschaftlich arbeiten – Kategorien bilden

Stöbern Sie mal durch Ihre Stichprobe. Lassen Sie dabei Ihren Geist schweifen. Was sticht Ihnen ins Auge, worin unterscheiden sich Ihre Elemente? Worin sind Sie ähnlich? Was könnte man vergleichen? Machen Sie eine Liste von Kategorien. Wählen Sie dabei nicht zu viele – nach meiner Erfahrung ist eine Obergrenze von 10 sinnvoll gewesen. Das ist aber keine wissenschaftliche Zahl. Natürlich hängt die Anzahl von Kategorien von Ihrer konkreten Stichprobe und Untersuchung ab. Können Sie zwischen 3 und 10 Kategorien zusammenstellen?

Achtung! Die Kategorien sollten ergebnisorientiert und zielführend formuliert werden.
Denken Sie an das Negativbeispiel oben. Fragen Sie sich bei Ihren Kategorien: Ist das die beste Kategorie? Schauen Sie, wenn Sie zwei philosophische Werke bezüglich Ihres gesellschaftlichen Impacts vergleichen wollen – wird denn die genaue Zeichenzahl der Werke dabei hilfreich sein? Ob nun Schopenhauer oder Kant mehr geschrieben hat oder Sartre – ist das eine relevante Messgröße? Vielleicht wäre ein gröberes Maß des Umfangs interessant, aber die genaue Zeichenzahl? Vielleicht denken Sie darüber anders, dann begründen Sie es in Ihrer Arbeit aber bitte genau und seien Sie bereit, auch in Ihrer Verteidigung darüber zu sprechen.

Fazit: Wählen Sie Kategorien, die Ihnen zumindest theoretisch zielführend erscheinen. Man wird es nicht bei allen wissen, und manchmal überraschen einen Kategorien auch. Aber begründen Sie Ihre Wahl jedenfalls immer.

> **Teepause wissenschaftlich arbeiten – Kategorien messen**
>
>
>
> Welche Kategorien haben Sie notiert? Können Sie sich halbwegs vorstellen, dass Sie beim Messen dieser Kategorien etwas Spannendes herausfinden könnten?

Untersuchungszeitraum oder Reichweite festlegen

So startet also eine vergleichende Analyse: Sie überlegen, welche Gruppe oder Elemente Sie untersuchen wollen und wie viele davon. Dann definieren Sie bestimmte sogenannte „Kategorien", bezüglich derer Sie einen Vergleich anstellen möchten (oben waren das Größe, Haarfarbe, Geschlecht, oder Anzahl Likes und Themen etc.).

Nicht zuletzt müssen Sie nun noch einen Zeitraum oder einen Bereich festlegen, in dem Sie die Untersuchung, den Vergleich, die Analyse, durchführen. Manchmal braucht es den nicht mal. Beim Vergleich von Social-Media-Kanälen wird ein festgelegter Zeitraum wichtig sein. Sie untersuchen dann beispielsweise verschiedene Kanäle und deren Performance innerhalb eines Monats. Beim Vergleich verschiedener Buchcover wird unter Umständen ein festgelegter Zeitraum ebenfalls sinnvoll sein. Möglicherweise untersuchen Sie aber auch die Buchcover der vergangenen Bestseller-Liste. Dann legen Sie keinen Zeitraum fest, sondern eine konkrete Liste oder Listen, auf die Sie sich beziehen. Das ist dann ebenfalls OK. Jedenfalls muss klar definiert sein, welche Stichprobe Sie warum und wie zusammen betrachten möchten.

Die Untersuchung durchführen

Dieser Stand reicht nun für die Formulierung eines Exposés. Das wird an manchen Hochschulen bei der Anmeldung des Themas erbeten. Da schreiben Sie hinein, wie Ihre Forschungsfrage lauten soll. Und welche Methode Sie verwenden wollen. Ich habe Ihnen ein Beispiel-Exposé in Schritt 5 vorgestellt. Wir kommen später noch dazu.

Dann werden Sie irgendwann nach dem offiziellen Start Ihrer Arbeit loslegen: Sie werden auszählen, Häufigkeiten erheben, qualitative Ergebnisse festhalten, diese in Excel eintragen, auch Kodieren, ggf. Oberkategorien bilden.

Ihre so erhobenen Daten müssen Sie am Ende auswerten und grafisch aufbereiten. Das muss nicht kompliziert sein. Denken Sie an das Beispiel mit den Familienmitgliedern. Man konnte leicht in Textform sagen: Es gab dreimal braune Haare und so weiter. Nun wäre die Aufbereitung in einem Diagramm aber viel besser und sinnvoll. Vor allem, wenn Sie viele Daten erhoben haben.

Achtung! Ich habe Arbeiten gesehen, da wurden die Ergebnisse nur in einem langen Fließtext in Worte gefasst. Schier unmöglich, da etwas zu erkennen und definitiv ein Minus in der Note.

Also: Grafiken bitte. Übersichten, Diagramme, Veranschaulichungen. Dazu sollten Sie sich noch einmal erinnern, was Sie dazu im Studium gelernt haben, wie das ging mit der Datenaufbereitung. Am Ende dieses Kapitels gebe ich Ihnen auch ein paar anschauliche Beispiele.

Dies ist in einer Nussschale alles, was man zur vergleichenden Analyse vorab sagen kann. Im nächsten Abschnitt gehen wir noch ein bisschen tiefer in die Methode hinein, schauen uns an, wie man Hypothesen formuliert und welche Stolperfallen man vermeiden soll. Am Ende stelle ich Ihnen noch die Methode nach Mayring genauer vor, dann sind Sie ganz sattelfest. Das alles ist aber nur für die von Ihnen geeignet, die diese Methode verwenden wollen. Wer die Methodik spannend findet, kann hier gerne weiterlesen. Sonst hüpfen Sie einfach zur nächsten Methode und schauen, ob Sie diese besser passend finden.

Konkrete Beispiele, falls Sie diese Methode wählen möchten

OK, Sie sind noch dabei, irgendwie scheinen Sie diese Methode also gut zu finden. Freut mich, ich mag sie auch. Und sie hat sich bei meinen Studierenden besonders bewährt. Weil man hier unabhängig und im eigenen Tempo arbeiten kann.

Nehmen wir nun also an, Sie haben Ihre Forschungsfrage bereits ein wenig konkretisiert. Beispielsweise könnte diese in etwa lauten:

Wie können Publikumsverlage noch erfolgreicher TikTok nutzen?
Eine qualitativ-quantitative Inhaltsanalyse

Die Analyse könnte nun beispielsweise so aussehen, dass Sie sich eine bestimmte Anzahl von Verlagen aussuchen, deren TikTok-Auftritte Sie dann vergleichen und untersuchen. Ziel wäre es, die erfolgreichsten (was immer das heißen mag) TikTok-Auftritte von Verlagen zu analysieren; zu verstehen, was diese Auftritte erfolgreich macht und diese Erfolgsfaktoren dann zu einer Handlungsempfehlung zusammenzusetzen.

Soweit, so gut. Wie geht man konkret vor? Wir haben es oben allgemein besprochen, jetzt gehen wir am konkreten Beispiel nochmal etwas ins Detail.

Der erste wichtige Schritt ist nun, wie wir gesehen haben, eine adäquate Stichprobe auszuwählen. Das ist durchaus eine herausfordernde Aufgabe. Ist die Stichprobe zu klein, dann erhalten Sie keine aussagekräftigen Ergebnisse. Denn dann hängt es zu sehr davon ab, welche konkreten Verlage Sie ausgewählt haben. Je nachdem, werden Sie sehr unterschiedliche Ergebnisse erhalten. Ist die Stichprobe hingegen zu groß, dann lässt sie sich nicht im Rahmen einer Bachelorarbeit adäquat untersuchen und auswerten. Es gilt also, eine machbare und kluge Stichprobe auszuwählen.

Sehr gute Arbeiten in meiner Erfahrung haben entweder eine große Stichprobe gewählt, also ca. 100 Exemplare von irgendetwas miteinander verglichen, oder eine gezieltere Stichprobe untersucht, also beispielsweise 20–40 Beispiele. Untersucht man eine große Stichprobe, so muss man die einzelnen Elemente der Stichprobe nicht in jedem Detail kennenlernen und reflektieren. Die Anzahl der zu untersuchenden Kategorien kann dann also eher klein sein.

Untersucht man hingegen eine kleine Stichprobe, so muss man die einzelnen Elemente der Stichprobe aber sehr wohl genauer und detailliert betrachten, um sich darüber klar zu werden, ob die Stichprobe auch repräsentativ ist.

Ich gebe ein positives Beispiel.

Einmal untersuchte bei mir jemand, ob Magazincover für Frauenzeitschriften andere „Design-Codes" verwenden als Männerzeitschriften. Es war zu erwarten, dass wir hier eine positive Aussage bekommen würden. Es interessierte uns aber im Speziellen, wie sich diese Cover im Detail unterscheiden würden, zum Beispiel im Hinblick auf Typografie, Farbgebung, Thema und vieles mehr. Das Problem bei der Arbeit war, dass nur fünf Frauenmagazine und fünf Männermagazine für die Stichprobe gewählt wurden. Bei so einer kleinen Auswahl ist die Wahl der Magazine natürlich extrem relevant. Sie können sich das vorstellen. Wenn Sie beispielsweise in der Stichprobe der Männermagazine für eines der Magazine „Business Punk" wählen, eine Zeitschrift, die sich nicht explizit „nur" an Männer richtet, so wird dies Ihr Ergebnis in relevanter Weise beeinflussen, einfach, weil Sie nur so wenige Magazine insgesamt vergleichen.

Die Auswahl der einzelnen Elemente einer sehr kleinen Stichprobe muss also sehr sorgfältig geschehen und sehr gut reflektiert und diskutiert werden, was im Fall der betreuten Arbeit bei mir auch so geschehen ist. Noch besser wäre es hier möglicherweise gewesen, 10–15 Frauenmagazine 10–15 Männermagazinen gegenüberzustellen. Alternativ wäre es noch besser, möglichst objektive Kriterien der Auswahl Ihrer Stichprobe zu formulieren. Gemeint ist, dass Sie sehr genau klären würden: Was macht ein Magazin zum „Frauenmagazin"? Können wir hier auf Endkundendaten zugreifen? Wie sonst ließe sich ein Magazin eindeutig als das eine oder andere charakterisieren? Solche Fragen müssen gestellt und beantwortet werden, insbesondere, wenn Sie nur eine kleine Stichprobe untersuchen.

Ein weiteres gutes Beispiel.

In einem anderen Fall untersuchte jemand bei mir, welches Fantasy-Subgenre in Romanen das erfolgreichste sei. Dazu wurde auf eine große Datenbank des Börsenvereins des Deutschen Buchhandels zugegriffen. Die Studierende untersuchte eine Stichprobe von über 100 Werken. Dazu überlegte sie sich im Vornherein, welche Eigenschaften der Bücher sie wie untersuchen und vergleichen würde, also wie viele und welche Kategorien sie bilden würde, bezüglich derer sie die Bücher vergleichen wollte. Sie las also natürlich nicht alle 100 Bücher, wie wäre das auch möglich gewesen? Stattdessen untersuchte sie:

- *Welche Klassifizierung der Verlag in der Datenbank selbst vorgenommen hatte*
- *Titel*
- *Klappentext*

und versuchte so, das Genre einzugrenzen, das Sie dann jeweils aus den oberen Kategorien ableitete. Sie sehen also, dass aufgrund der großen Stichprobe insgesamt eine kleine Anzahl von Kategorien untersucht wurde. Das ermöglichte das Vergleichen einer größeren Anzahl von Elementen einer Stichprobe. Durch diese Größe der Stichprobe konnten hier relevante Aussagen gewonnen werden. Wir fanden übrigens, dass das Genre „Urban Fantasy" aktuell am liebsten gelesen wird.

Wir konstruieren zum Abschluss dieses Abschnitts noch ein Beispiel für Sie, um die vergleichende Inhaltsanalyse zu beschreiben. Vielleicht interessieren Sie sich für das Thema Social Media, das wir ja auch im ersten Kapitel immer mal wieder aufgegriffen haben. Insbesondere für Instagram. Sie möchten verstehen, wie Medienunternehmen immer noch erfolgreicher auf Instagram werden können. Dazu wählen Sie die 20 erfolgreichsten

Medienunternehmen im DACH-Raum (Deutschland, Österreich, Schweiz), darunter beispielsweise den Instagram-Kanal der Tagesschau, der von vielen Menschen der Generation Z sehr gerne konsumiert wird.

Möglicherweise wählen Sie außerdem 20 erfolgreiche Instagram-Kanäle von weiteren internationalen Medienunternehmen. Dann überlegen Sie sich eine Anzahl von Kategorien, die Sie auf allen Instagram-Kanälen untersuchen möchten. Dazu könnte gehören: Die Anzahl der Follower, die Engagement Rate (definieren!), die Farbigkeit des Auftritts, die Einheitlichkeit der Gestaltung der Postings, die Häufigkeit von Postings, die Art der Postings etc. Wählen Sie nicht zu viele Kategorien, sodass Sie sich nicht verzetteln. Wählen Sie aber genügend Kategorien, um eine möglicherweise interessante und relevante Aussage formulieren zu können.

Während Ihrer Arbeit würden Sie dann ein bestimmtes Zeitfenster festlegen, in dem Sie diese Kanäle bezüglich der Kategorien untersuchen und vergleichen. Dieser Zeitraum könnte beispielsweise drei Wochen lang sein. Achtung: Wählen Sie den Zeitraum nicht zu kurz und möglichst repräsentativ. Das hängt natürlich von Ihrem konkreten Beispiel ab. Ein Kanal, der einmal im Monat etwas postet, kann nicht innerhalb einer Woche repräsentativ untersucht werden – denn vielleicht ist das gerade eine Woche, wo nichts gepostet wird. Eine Untersuchung von Kanälen im Sommerloch ist auch keine gute Idee usw.

In Ihrem Zeitraum, z. B. Ihren gewählten drei Wochen, würden Sie dann täglich alle Kanäle bezüglich der von Ihnen formulierten Kategorien wie zum Beispiel Anzahl der Postings etc. untersuchen und Ihre Ergebnisse in eine große Tabelle eintragen. So haben Sie eine relevante Datenmenge erhoben, mit der Sie im späteren Verlauf arbeiten können.

Hypothesen formulieren

Zur qualitativ-quantitativen Inhaltsanalyse gehört auch, dass man Hypothesen formuliert, und diese auf Basis der von Ihnen erhobenen Daten später falsifiziert oder tendenziell bestätigt. Im Rahmen ihrer Arbeit würden Sie also zunächst etwa drei Hypothesen formulieren (ggf. auch mehr, aber tendenziell nicht weniger und nicht mehr als 8, würde ich sagen). Wie das genau geht und worauf man dabei achten muss, darauf gehe ich im dritten Kapitel dieses Buches, also bei Schritt 3 auf Ihrem Weg, nochmal im Detail ein.

Die Auswertung der Ergebnisse

Die qualitativ-quantitative Inhaltsanalyse besteht also aus:

- Dem Aufstellen von Hypothesen, die dann durch die Datenanalyse im Rahmen Ihrer Untersuchung belegt oder widerlegt werden.
- Dem Definieren einer geeigneten Stichprobe,
- Dem Formulieren bestimmter Kategorien, bezüglich derer die Auswertung stattfindet
- Der Auswertung dieser Stichprobe in einem festen Zeitrahmen oder Umfang
- Der grafischen Aufbereitung und Diskussion Ihrer Ergebnisse.

Achtung! Ich habe Arbeiten gesehen, in denen lange Datentabellen aufgeführt oder einzelne Ergebnisse in jedem Detail in langen Texten ausformuliert und aufgeschrieben wurden. Das verstehe ich nicht unter einer Auswertung. Eine Auswertung heißt, dass Sie die Relevanz Ihrer Erhebung bezüglich Ihrer Hypothesen diskutieren. Tragen Sie zusammen, was sich als wichtig erwiesen hat, stellen Sie dies, wo möglich, grafisch dar, werten Sie Ihre Hypothesen aus. Keine langen Ergebnistexte als Auflistung aller Ergebnisse verfassen.

Nochmal genauer: Sie erzählen mir also nicht, wie viele Postings der Instagram-Kanal der Tagesschau an welchem Tag hatte, und wie viele der Kanal X und wie viele der Kanal Y … sondern Sie fassen zusammen, wie viele Postings im Allgemeinen im DACH-Raum versus international oder auf einem vs. dem nächsten Kanal etc. zu finden waren. Vielleicht fassen Sie auch bestimmte Kanäle zusammen und zeigen, wie viele Postings/Likes … es bei diesen Typen von Kanälen im Schnitt/oder insgesamt gab vs. andere Kanäle. Was genau Sie davon tun, müssen Sie entscheiden: davon hängt ja ab, was Sie aussagen wollen.

Beispiel: Wollen Sie gezielt Verlags-Auftritte mit Musikindustrie-Auftritten vergleichen? Dann zeigen Sie mir nicht die Likes und Postings der einzelnen Musik-Kanäle, sondern bilden Sie entweder den Durchschnitt der Likes und Postings in der Musikindustrie vs. der Verlagsbranche – oder zählen Sie alle Likes und Postings in der Musikindustrie im Zeitraum zusammen (jeweils) und vergleichen Sie die mit den Zahlen aus der Verlagsindustrie etc. Hier gibt es kein Richtig und Falsch – versuchen Sie, es sich an einfachen Alltagsbeispielen klar zu machen, was Sie gemessen haben und wie Sie diese Ergebnisse am besten auswerten und darstellen, das hilft sehr.

In unserem Beispiel: Wer war besser, die Schulklasse 10a oder die 10b? Die einen haben diese Videos gepostet, die anderen die anderen. Wie messen Sie Erfolg? Wie können Sie zeigen, welche Klasse besser war? Wenn Sie so einfach über Ihr Thema nachdenken, wird Ihnen einfallen, wie Sie auch in Ihrem konkreten Fall die Ergebnisse auswerten und darstellen können.

Achtung: Bitte betrachten Sie auch, wie Ihre Messergebnisse korrelieren. Trat irgendwas immer mit irgendetwas anderem auf? War eine Kategorie immer besonders erfolgreich, wenn gleichzeitig eine andere Kategorie auftrat? Ein Beispiel: Waren Videos immer dann erfolgreich, wenn sie zugleich humorvoll und sehr kurz waren? Ist es die Kürze des Videos, die entscheidet oder der Humor? Oder die Kombination? So etwas müssen Sie sich bei der Auswertung auch fragen.

Eine solche Auswertung Ihrer Ergebnisse klingt erstmal kompliziert, ist es aber nicht. Stellen Sie sich im Vergleich nochmal Folgendes vor. Sie fragen eine Freundin, was deren Lieblingsessen ist, beziehungsweise was dazu beiträgt, dass diese ein Essen mag. Stellen Sie sich nun vor, Ihre Freundin antwortet Ihnen dadurch, dass sie alle Essen der vergangenen 30 Tage im Detail aufführt und dann sagt, ob sie diese eher mochte oder nicht. Ich wette, Sie werden ihr nicht bis zum Ende zuhören, sondern sie unterbrechen und etwas sagen wie: „Komm bitte auf den Punkt! Was waren denn die besten Essen? Die Highlights? Warum waren die am besten?" Sie sehen, sie wollen selbst auch nicht alle Details hören, sondern eine kluge Zusammenfassung und Auswertung. Für Ihre Ergebnisse der Datenanalyse und Ihre Arbeit gilt dasselbe.

Stolperfallen, die Sie vermeiden sollten

Über einige Stolperfallen bei dieser Methode, die übrigens auch andere Methoden betreffen, haben wir im vorangehenden Abschnitt schon gesprochen. Hier noch einmal alle Stolperfallen im Überblick.

- **Schlechte Stichprobe**: Die Methode wird dann nicht funktionieren oder zu einer schlechteren Bewertung führen, wenn die Stichprobe zu klein ist, beziehungsweise nicht genügend gut motiviert ist. Denn eine zu kleine und schlecht gewählte Stichprobe kann im Prinzip zu jedem beliebigen Ergebnis führen. Sie haben dann keine wissenschaftliche Arbeit durchgeführt. Sie erhalten also keine belastbaren Ergebnisse.
- **Zu viele Kategorien**: Ein weiterer Stolperstein sind zu viele Untersuchungskategorien. Dann blicken Sie im Datendschungel nicht mehr durch.
- **Unwissenschaftlich formulierte Hypothesen** (mit Begriffen, die nicht klar definiert sind) oder zu viele Hypothesen, führen im Allgemeinen nicht zu einem erfolgreichen Ergebnis. Darauf gehen wir im Detail in Schritt 3 des Crashkurses nochmal ein, da es für fast alle Methoden relevant ist.

- **Schlechte Auswertung**: Ein weiterer Stolperstein ist der, dass Sie Ihre Daten nicht richtig auswerten. Ich habe es einmal erlebt, dass bezüglich der Kategorien, die betrachtet wurden, nicht die gesamte Stichprobe untersucht wurde, sondern nur einzelne Elemente der einen mit der anderen Stichprobenhälfte verglichen wurden. Daraus erhalten Sie natürlich gar keine Aussage für die Gesamtheit Ihrer Stichprobe.
- **Korrelationen ignorieren**: Ein letzter Fehler, der mir immer wieder begegnet, ist der, dass Korrelationen gar nicht betrachtet werden. Es werden nur Häufigkeiten analysiert. Erinnern Sie sich an das Beispiel zum Einstieg, den Vergleich von Familienmitgliedern bezüglich ihrer Haarfarbe, ihres Alters, ihres Geschlechts. Sie können nun sagen: Es gab dreimal braune Haare, zweimal blonde und einmal schwarze Haare. Sie können sagen, wie oft welches Geschlecht auftrat und welches Alter. Wenn Ihre Analyse hier endet, haben Sie die Methodik zwar nicht verkehrt angewendet, Sie erhalten aber nur einen Teil möglicher Information. In vielen Fällen ist es sehr interessant und relevant, auch zu betrachten, welche Kategorien gegebenenfalls regelmäßig in Korrelation, also im Zusammenhang, mit bestimmten anderen Kategorien auftraten. In unserem Beispiel gibt es möglicherweise keine Kategorien. Oder doch? Vielleicht haben alle männlichen Mitglieder der Familie braune Haare und alle weiblichen blonde. Diese Betrachtung muss nicht immer zu etwas führen. Sie kann es aber durchaus und sollte daher auch betrachtet werden. Vergessen Sie also nicht, sich auch anzusehen, welche Kategorien möglicherweise oft oder immer gemeinsam auftreten. Vielleicht kann man gerade daraus etwas Wichtiges lernen. Zumindest sollten Sie es betrachten und diskutieren.

Vertiefung: Inhaltsanalyse nach Mayring

Wenn Sie angebissen haben und die eben vorgestellte qualitativ-quantitative Analyse für sich passend finden, dann möchte ich Ihnen in diesem Kapitel noch etwas mehr Handwerkszeug geben. Die qualitativ-quantitative Analyse beruht auf der Inhaltsanalyse nach Mayring, die wir uns jetzt nochmal in einer kompakten aber doch detaillierten Form ansehen. Sie können natürlich jederzeit in Mayrings Werk „Qualitative Inhaltsanalyse" von 2010 (Mayring, 2000) nochmal tiefer einsteigen – falls Sie eine Masterarbeit schreiben, möchte ich das empfehlen. Meine kompakte Zusammenfassung soll Ihnen jetzt aber dabei helfen, ganz konkret Ihre Kategorien zu formulieren und die Durchführung und Auswertung besser zu schaffen.

Mayrings Methode findet ursprünglich Anwendung bei der Auswertung von Experten- und Expertinneninterviews. Sie lässt sich aber auch auf die Auswertung von anderen Datenquellen anwenden, wie wir in den vorhergehenden Abschnitten gesehen haben. Jeglicher Text, sei er in Sozialen Medien, auf Blogs oder in Videos publiziert, kann auf diese Weise ausgewertet werden, also letztlich jegliche Form von Kommunikation oder Text.

In der ursprünglichen Methode nach Mayring werden im Normalfall keine Hypothesen formuliert, sondern es reicht das Formulieren einer Forschungsfrage. Ich persönlich finde das Formulieren von Hypothesen dennoch hilfreich: es unterstützt Sie, sich auf die Untersuchung bestimmter Aspekte zu konzentrieren.

Wie finde ich meine Untersuchungskategorien?

Wenn Sie Daten untersuchen möchten, müssen Sie definieren, was genau Sie betrachten wollen. Sie müssen irgendwie formal festhalten, was Sie sich ansehen, was vorliegt. Seien es Sätze aus einem Interview, die Sie allgemeiner fassen müssen, oder Videos, die Sie vergleichen oder sonstige Elemente einer Stichprobe, die Sie irgendwie sortieren wollen.

In unserem Beispiel mit den TikTok-Kanälen könnte man, um die Videos miteinander zu vergleichen, beispielsweise messen:

- Häufigkeit der Postings
- Likes/Shares/Comments
- Text im Video ja/nein
- Person im Video ja/nein …

Dies oben sind sogenannte Kategorien. Und woher wissen Sie, dass Sie gerade diese Dinge messen sollen? Oder wie wissen Sie, wie Sie die Sätze eines Interviews einordnen, sortieren, gruppieren sollen? Woher kommen die Kategorien? Für das Finden der Kategorien kann man auf zwei Arten vorgehen:

a) Induktive Kategorienbildung
b) Deduktive Kategorienbildung

Induktive Kategorienbildung heißt, dass Sie Ihre Kategorien auf Basis Ihres Materials bilden. Sie beginnen also, in unserem Beispiel, indem Sie sich einen ersten TikTok-Kanal anschauen. Was fällt Ihnen hier auf? Was könnte man messen? Daraus leiten Sie eine oder zwei erste Kategorien ab. Dann gehen Sie zum nächsten Element Ihrer Untersuchung, hier zum nächsten Video. Treffen Ihre Kategorien hier auch zu, kann man diese hier auch messen? Oder müsste man etwas anderes messen? Wäre das dann auch beim ersten Video messbar gewesen? Und so finden Sie Schritt für Schritt (iterativ, induktiv) Kategorien, die bei allen Videos – oder allgemein: bei allen Elementen Ihrer Stichprobe messbar sind.

Deduktive Kategorienbildung heißt, dass Sie die Kategorien nicht beim Betrachten Ihrer Stichprobe selbst finden, sondern sie aus der Literatur bekommen. Dazu legen Sie im Idealfall eine Tabelle an, in der Sie jeweils die Kategorie und die Quelle auflisten, damit Sie später mit Literaturverweisen nachweisen können, warum Sie eine bestimmte Kategorie formuliert haben. Es kann dann immer noch sein, dass man im Verlauf der Messung weitere Kategorien hinzufügen wird, also eine Mischform wählt zwischen induktiver und deduktiver Kategorienbildung. Das ist OK und erlaubt.

Wie geht es weiter?

Nachdem Kategorien formuliert wurden, geben Sie den Kategorien Buchstaben, A, B C…. Danach erstellen Sie eine Excel-Tabelle, in der Sie Ihren Datensatz irgendwie auflisten. Das „irgendwie" ist natürlich etwas schwammig an dieser Stelle – aber jeder untersuchte Datensatz und jede Forschungsfrage und Stichprobe sind eben etwas unterschiedlich.

Ziel ist es jetzt jedenfalls, Ihre zu untersuchende Stichprobe den Kategorien zuzuordnen. Bei einem Interview wäre es so, dass man die einzelnen Sätze der Interviewpartner und -partnerinnen in Excel untereinander auflistet und in einer weiteren Spalte versucht, diese Sätze den Kategorien zuzuordnen, also ein A, B, C… daneben zu schreiben, je nachdem, in welche Kategorie Ihrer Meinung nach der Satz gehört.

Hier ein fiktives Beispiel:

Interviewsätze	Paraphrasierung	Kategorie
Das war dasselbe, wie damals, als …	Rückblick in Jugendzeit	A
Aber dann kam dieser komische Moment, …	Plötzliches Ereignis mit Folgen	B
Ich hatte richtig Angst	Negative Emotion	C
Zum Glück war	Auflösendes Ereignis	D
Das war ähnlich wie damals, als …	Rückblick in die Jugendzeit	A

Nachdem Sie etwa ein Drittel Ihrer Stichprobe auf diese Weise untersucht und kodiert haben, sollten Sie nochmal pausieren und nachdenken: Passen

Ihre Kategorien? Können Sie Ihre Stichprobe, Ihren Datensatz, damit sinnvoll auswerten? Müssen Sie weitere Kategorien hinzufügen oder nochmal ändern? Wenn Sie hierauf Antworten gefunden und Ihre Kategorien ggf. nochmals angepasst haben, können Sie anschließend den ganzen Datensatz auswerten, also alle TikTok-Kanäle untersuchen, alle Sätze des Interviews mit Kategorien versehen etc.

Auswertung: Reliabilität prüfen

Wenn Sie Ihren Datensatz vollständig kodiert haben, wenn Sie also alle Elemente Ihrer Stichprobe bezüglich Ihrer Kategorien ausgewertet haben – sei es, dass Sie alle Sätze eines Interviews in der Tabelle mit Kategorien versehen haben, oder für alle Kategorien Einträge für jedes Video erzeugt haben o. ä. – dann bleibt noch die Frage: Wie aussagekräftig ist nun Ihre Analyse? Dies nennt man die Reliabilitätsprüfung.

Nicht jeder Betreuender erwartet eine Reliabilitätsprüfung. Vor allem in Bachelorarbeiten ist dafür nicht immer genug Zeit. Besprechen Sie mit Ihrem Betreuer oder Ihrer Betreuerin, ob Sie das Thema nur diskutieren oder die Prüfung wirklich durchführen müssen.

Was heißt das, eine Reliabilitätsprüfung durchführen? Die Reliabilitätsprüfung bedeutet in diesem Fall, dass Sie nochmal testen, ob andere Personen den Sätzen in einem Interview oder Ihren analysierten Elementen dieselben Kategorien zugeordnet hätten oder dieselben Ergebnisse eingetragen hätten. Dazu braucht man eine oder zwei weitere Personen, die Teile Ihres Interviews oder Ihres Datensatzes noch einmal kodieren. Bei einem Interview würde das bedeuten, dass Sie einer zweiten Person Ihre Kategorien zeigen (mit Buchstaben) und die Person bitten, durch einen Teil der Sätze des Interviews zu gehen und selbst zu entscheiden, zu welchen Kategorien die Sätze nach eigener Einschätzung gehören. Wenn Sie etwas anderes ausgewertet haben, dann lassen Sie eben dort eine zweite Person einmal einen Teil Ihres Datensatzes bezüglich der Kategorien auswerten.

Es ist ja klar: Wenn die Abweichung zwischen Ihnen und der zweiten Person klein ist, dann ist Ihr Ergebnis höchstwahrscheinlich allgemeingültig, dann gilt Ihre Aussage also als reliabel. Da das Wort „klein" aber sehr relativ ist, muss man kurz rechnen. Man berechnet hier aus der Statistik eines der sogenannten statistischen Maße „Krippendorff's Alpha" oder „Cohen's Kappa". Damit rechnen Sie aus, ob Ihre Aussage belastbar sein wird. Dazu findet man im Internet viele hilfreiche Tutorials.

Deutung der Ergebnisse

Und jetzt? Jetzt müssen die Häufigkeiten ausgewertet werden.
Typische Fragen, die Sie stellen werden:

- Wie oft kommt welche Kategorie vor? (Das wäre die typische Frage in einem Interview oder über mehrere Interviews hinweg). In dem Screenshot oben also: Wie oft kam A vor? Oder B? Wie oft A gefolgt von B? Hier hängen die konkreten Fragen davon ab, was Sie lernen wollen.
- Oder: Welche Zahlen haben Sie für welche Kategorie gemessen? (Das wäre eine typische Frage, wenn Sie mehrere Elemente bezüglich einer Kategorie ausgewertet haben, also mehrere Videos bezüglich Ihrer Likes ausgewertet haben, zum Beispiel).
- Und: was bedeutet das nun für Ihre Hypothesen?
- Für Ihre Forschungsfrage?

Wenn Sie in einer Kategorie mehrere Elemente ausgewertet haben (zum Beispiel Anzahl der Likes bei einer Anzahl von Videos), dann müssen Sie im Allgemeinen den Durchschnitt der Likes berechnen, also die Summe aller gemessenen Likes aus allen Videos geteilt durch die Anzahl der untersuchten Videos. Dann bekommen Sie die mittlere Zahl von Likes.

Manchmal muss man aber auch einzelne Werte betrachten (die höchste Anzahl Likes, die niedrigste, in Zusammenhang mit welcher Kategorie traten diese jeweils auf etc.). Hier müssen Sie einfach überlegen, was Sie in Ihren Hypothesen ausgesagt haben, und wie Sie entsprechend die Zahlen deuten können, um Ihre Hypothesen im Rahmen der Untersuchung zu bestätigen oder zu widerlegen.

Hilfreiches Video

Wer das nochmal genauer auch im Video erklärt bekommen möchte, kann guten Gewissens, so lange das Video auf YouTube zu finden ist, dieses Video von shribe! ansehen:

https://www.youtube.com/watch?v=Ky8w7rqvEEo
Falls es nicht mehr da ist, einfach nochmal hier stöbern – es gibt inzwischen wirklich viele gute Materialien zum Thema im Internet.

Methode 2: Experten- und Expertinneninterviews

Eine weitere Methode zur Bearbeitung Ihrer Forschungsfrage ist die Interview-Methode, also sogenannte Experten- oder Expertinnen-Interviews. Hierbei gilt dasselbe wie bei der eben diskutierten Methode: Die Auswahl Ihrer Gesprächspartner und -partnerinnen ist sehr wichtig. Was es sonst zu beachten gibt, finden Sie im folgenden Abschnitt.

Die Methode in einer Nussschale

Experten- und Expertinnen-Interviews in einer Nussschale: Bei den Interviews von Experten und Expertinnen geht es darum, zu hören, was Menschen zu dem Thema denken, das in Ihrer Arbeit bearbeitet wird. Experten und Expertinnen, das können Menschen aus einer Branche sein oder Wissenschaftler, bzw. Wissenschaftlerinnen, es können Menschen aus einem bestimmten Arbeitsgebiet sein, Menschen mit bestimmten Hintergründen oder Erfahrungen… wer immer zum Thema etwas Interessantes zu sagen hat. Es geht darum, Stimmen zu hören, die sich in einer Thematik sehr gut auskennen. Ziel ist es in den meisten Fällen, eine Thematik aus verschiedenen Blickwinkeln zu beleuchten.

Manchmal möchte man auch nur einen Blickwinkel untersuchen. Wenn es aber um eine kontroverse Thematik geht, ist meist wissenschaftliche Neutralität gefragt. Wissenschaftlichkeit realisiert man im Allgemeinen dadurch, dass man Menschen mit verschiedenen Blickwinkeln interviewt. Es reicht also im Allgemeinen nicht, ein einzelnes Interview durchzuführen und zu transkribieren, oder nur Menschen zu interviewen, die einander sehr ähnlich sind. Im Rahmen einer Bachelor- oder Masterarbeit muss es vielmehr darum gehen, mindestens vier, lieber mehr, Stimmen zu hören, die von verschiedenen Seiten auf eine Thematik blicken.

Hat man die Personen angeschrieben und haben sie tatsächlich zugesagt, ein Interview zu führen, so muss dieses aufgezeichnet und transkribiert werden. Natürlich muss zuvor die Einwilligung der Personen für die Aufzeichnung eingeholt werden. Für das Transkribieren gibt es heute verschiedene Software (wie *oTranscribe, Amberscript* oder *Go Transcript*, um nur einige zu nennen). Letztlich wird das Interview in Textform dann in eine große Tabelle gesetzt, in der es satzweise in allgemeinere Kategorien überführt und so ausgewertet werden kann. Sie finden hierzu viel Fachliteratur, ich persönlich empfehle immer die Methodik nach Mayring (schauen Sie sich bei Interesse dann gerne das entsprechende Kapitel im Abschnitt „Methode 1" an).

Vorteil der Interviews als Methode ist, dass Sie topaktuelle Meinungen und sehr persönliche Einblicke gewinnen können. Gerade, wenn Menschen im Zentrum Ihrer Recherche stehen, kann das manchmal sogar der einzige Zugang zu Wissen sein.

Interviews haben als Methode aber natürlich, wie alle Methoden, ihre Vor- und Nachteile. Darauf möchte ich im Folgenden eingehen, damit Sie für sich eine wohlbegründete Entscheidung treffen können.

Die Auswahl der InterviewpartnerInnen

Wenn Sie auswählen, wen Sie interviewen möchten, wenn Sie also eine Stichprobe wählen, dann achten Sie, wie oben bereits betont, auf Diversität. Selbst, wenn Sie in Ihrer Arbeit Menschen mit ähnlichen Erfahrungen oder Meinungen oder Hintergründen untersuchen wollen, schauen Sie bitte, dass Sie Interviewpartner und -partnerinnen wählen, die hinreichend divers sind.

3 Schritt 2: Die Methode – Wie Sie Ihre Forschungsmethode wählen

Wenn Sie nämlich nur Menschen wählen, die alle einen ähnlichen Hintergrund besitzen oder einander in vielen Merkmalen ähneln, dasselbe Alter und Geschlecht haben, usw., dann werden Sie bei der Auswertung Ihrer Interviews ein gänzlich anderes Ergebnis erhalten, als wenn Sie auf Diversität achten.

Diversität ist nicht immer im Vornherein zu garantieren, denn Sie können nicht wissen, wer Ihnen als Interviewpartner oder -partnerin zusagen wird; hier sollte aber zumindest in der Planung und Auswertung später viel Überlegung und Kommentar Ihrerseits einfließen. Begründen Sie gut, warum Sie genau diese Anzahl und genau diese Personen für ihre Interviews heranziehen.

Ein erfolgreiches Beispiel für eine Arbeit, die auf Experten- und Expertinnen-Interviews beruhte, war in meiner Vergangenheit eine Arbeit, bei der das deutsche und das Schweizer Buchpreisbindungsgesetz miteinander verglichen wurden. Die Buchpreisbindung in den beiden Ländern unterscheidet sich nämlich durchaus, was die rechtliche Umsetzung betrifft. Die Studentin wählte als Methodik das Interview, und es gelang ihr, insgesamt 6 Interviewpartner und -partnerinnen zu gewinnen: drei hochrangige Vertretende der Rechts- und der Buchbranche in Deutschland sowie drei aus dem schweizerischen Raum. Die Interviewpartner und -partnerinnen waren Menschen, die einen juristischen Hintergrund besaßen und relevant in der Thematik verwurzelt waren. Drei Interviews von der einen Seite und drei von der anderen; das war in diesem Fall eine genügend große Stichprobe.

Aus meiner Erfahrung war es aber sowohl der Hartnäckigkeit und Professionalität der Studierenden anzurechnen, dass ihre Interviewpartner und -partnerinnen so zugesagt hatten, als auch, im Vergleich, durchaus ein großes Glück. In meiner Erfahrung tun sich Studierende im Allgemeinen eher schwer, Interviewpartner und -partnerinnen auch wirklich ans Telefon zu bekommen, oder sie dazu zu bekommen, einen Fragebogen auszufüllen. Da hier häufiges Nachhaken und Wartezeiten auf Euch zukommen kann, empfehle ich diese Methode eher für eine Masterarbeit als für eine Bachelorarbeit.

Achtung! Es kann eine Arbeit leider auch mal ins Stocken oder sogar zum Scheitern bringen, wenn Sie gar keine Interviewpartner oder -partnerinnen bekommen, beziehungsweise zu wenige. Das ist dann im Grunde oft nicht ihre Schuld. Sie sind also von äußeren Umständen hochgradig abhängig. Daher warne ich stets ein wenig vor der Verwendung dieser Methode – einfach aufgrund dieses Risikos.

Doch allen Warnungen zum Trotz: Haben Sie gute Verbindungen oder sind Sie guter Hoffnung, dass Sie Ansprechpartner und -partnerinnen bekommen, so ist diese Methode natürlich sehr spannend und kann zu sehr aktuellen und relevanten Ergebnissen führen! No risk, no fun, nicht wahr?

Die Ergebnisse eines Interviews sind meist eher qualitativer Art. Wie bei der qualitativ-quantitativen Methode im vorherigen Kapitel erläutert, erstellen Sie dann eine Kodierungstabelle und bilden Oberkategorien, um zu versuchen, auch hier ein allgemeineres Ergebnis abzuleiten. Dies schauen wir uns nochmal in etwas mehr Detail im kommenden Abschnitt an. Wer also an der Methode interessiert ist, sollte hier weiterlesen. Sonst können Sie zur nächsten Methode springen.

Teepause Interview – ExpertInnen fragen

Falls Sie die Interviewmethode spannend finden und gerne durchführen möchten, überlegen Sie: Wer vertritt tendenziell eine Meinung zu Ihrem Thema, wer tendenziell eine andere? Wen müssten Sie also idealerweise interviewen? Können Sie diese Personen im Internet finden, eine E-Mail-Adresse ausfindig machen? Versuchen Sie es mal ganz konkret. Eine Telefonnummer? Oder zumindest eine Telefonnummer des Unternehmens, in dem die Person arbeitet? Wie wahrscheinlich ist es, dass Sie mit den gewünschten Personen ins Gespräch kommen, und wen können Sie als Alternativen einplanen? Sind die von Ihnen gewählten Personen auch hinsichtlich anderer Eigenschaften hinreichend divers, sodass Sie eine relevante Aussage treffen können? Oder sind sie relevante Repräsentanten einer bestimmten Gruppe? Die einzelnen Personen sind jedenfalls sehr gut zu wählen und die Auswahl im Methodenteil gut zu diskutieren und zu begründen. Im Rahmen ihrer Auswertung werden sie unter Umständen diese Personen auch anonymisieren müssen. Auch hierzu lohnt es sich, die vergleichende Analyse nach Mayring noch einmal genauer anzusehen, um hier alle Formalitäten korrekt zu kennen (siehe Methode 1).

Hypothesen formulieren

Oft wird man vor der Durchführung von Interviews Hypothesen formulieren, wie es auch in Methode 1 nötig war. Dann wird das Interview durchgeführt und ausgewertet, und danach wird man im Auswertungsteil darauf eingehen, ob das Interview die Hypothesen eher bestätigt oder widerlegt hat.

Da die Hypothesen auch hier von großer Wichtigkeit sind, habe ich diesen in Kap. 3 eine vertiefte Betrachtung gewidmet. Wenn Sie also Interviews führen wollen, sollten Sie bitte auch im Anschluss Kap. 3, also den 3. Schritt auf dem Weg zu Ihrem Bachelor oder Master lesen.

Die Auswertung der Interviews in mehr Detail

Hier für Interessierte an dieser Methode nochmals etwas mehr Details. Unter meinen Studierenden ist für die Auswertung eines Interviews die Analyse nach Mayring am beliebtesten (siehe Abschnitt Methode 1) und auch ich schätze sie für ihre Klarheit.

Angewendet wird die Methode so, dass die Gesprächspartner und -partnerinnen zunächst, nach Zusage und ggf. Unterzeichnung einer Vertraulichkeitserklärung, interviewt werden. Das Interview wird aufgezeichnet und anschließend transkribiert, per Hand oder mit Unterstützung einer Software. Idealerweise testet man anschließend stichprobenartig, ob man auch alles richtig transkribiert hat. In manchen Zusammenhängen wird nicht nur der Wortlaut, sondern auch transkribiert, wie die Person etwas sagte, oder wie sie dabei gestikulieren etc. Das hängt von Ihrem Forschungsgegenstand ab.

Nach der Transkription werden einzelne Sätze in Kategorien überführt (Kodierung) und dann nochmals in Oberkategorien. Wir haben dazu im

Teil der qualitativ-quantitativen Analyse ein Beispiel gesehen, das ich hier nochmal zur Veranschaulichung einfüge:

Thema	Kodierung	Mögliche Oberkategorien
Elefanten auf der Müllhalde	Umweltverschmutzung	Natur
Eisbären gehen Baden	Klimawandel	Natur
SPD bringt weitere Petition gegen Kernkraftwerke ein	Politik/Energie	Energie
Fridays For Future geht auf die Straße	Klimawandel	Natur

Mehr zu Mayring finden Sie im entsprechenden Unterabschnitt bei Methode 1. Ansonsten empfehle ich, wie bereits im obigen Abschnitt, ein sehr hilfreiches Video von shribe!: https://www.youtube.com/watch?v=Ky8w7rqvEEo

Stolperfallen, die Sie vermeiden sollten

Die Stolperfalle, die mir bei dieser Methode im Rahmen von Bachelor- oder Masterarbeiten am häufigsten begegnet ist, ist die, dass Interviews zwar durchgeführt und transkribiert werden, anschließend aber zu wenig mit diesen Interviews gearbeitet wird. Das lange Interview findet sich dann im Anhang der Arbeit, im Rahmen der Diskussion tauchen Zitate daraus aber viel zu selten auf. Das ist schade und letztlich auch unwissenschaftlich.

Wichtig bei den Interviews ist es also, aus den Transkriptionen kluge Kategorien und Ergebnisse abzuleiten, diese entsprechend aufzubereiten und aus Ihrem Text immer wieder darauf zu verweisen. Das heißt, dass Sie regelmäßig Zitate in Ihren Fließtext einarbeiten müssen und bei Schlussfolgerungen auf Ausschnitte aus dem Interview verweisen, um Ihre Aussagen zu untermauern.

Ihr Interview ist sozusagen Ihr Wissens-Steinbruch, und wenn Sie hier nicht genügend Steine herausklopfen, haben Sie im Grunde zwei getrennte

Arbeiten durchgeführt: Einen Theorieteil und ein Interview, die aber nicht miteinander verbunden sind. Das ist dann keine wissenschaftliche Arbeit.

Eine weitere Stolperfalle, die auftreten kann, ist, dass die Interviews in zu speziellen Kategorien analysiert werden. Ich meine damit: Einzelne Sätze aus dem Interview werden in einer recht speziellen Weise von Ihnen gedeutet. Soll heißen: Wenn jemand anderes das Interview kodiert hätte, wäre ggf. etwas ziemlich anderes herausgekommen. Suchen Sie sich daher bitte jemanden, der für Sie einige der Kategorien selbst auch nochmal formuliert (Stichwort Reliabilitätsprüfung, siehe dazu die Erläuterung im Abschnitt „Analyse nach Mayring" in der Methode 1). Vergleichen Sie: Stimmen Sie beide in Ihren Kategorien überein? Oder läuft es auseinander? Diskutieren Sie dies in Ihrer Arbeit. Hier ist eine kritische Reflexion unbedingt notwendig.

Wenn Sie dies aber alles beachten, kann aus einer Arbeit, die Interviews als Methode ausgewählt hat, natürlich eine runde Sache werden. Vertiefen Sie sich dann einfach noch einmal, am besten mit dem Buch von Kaiser, das ich Ihnen unten zum Weiterlesen empfehle. Wenn Sie dies also vorhaben, dann besten Erfolg!

Methode 3: Die Umfrage

Vielen Studierenden erscheint die Methode der Umfrage als sehr attraktiv. Schließlich gibt es verschiedene Online-Tools und Software, mit denen eine Umfrage sehr leicht durchzuführen ist. Auch die Ergebnisse werden automatisch ausgewertet – das wirkt sehr attraktiv.

Dennoch ist die Umfrage in Wirklichkeit genauso leicht oder schwer wie alle anderen Methoden, und nicht etwa leichter. Die Herausforderung hierbei liegt vor allem in der Formulierung der Fragen.

Wo können Probleme auftauchen? Auch zum Thema „Umfrage" gibt es natürlich unzählige Bücher, und ich möchte Ihnen unbedingt empfehlen, hier auf das Wissen aus Ihren Vorlesungen oder detailliertere Bücher zuzugreifen. Denn vom Erstellen *guter* Fragebögen – mit Fragen, die Ihre Zielgruppe nicht manipulieren, mit einer guten Anzahl von Fragen (nicht zu wenige, sodass Sie zu wenig erfahren, aber auf jeden Fall auch nicht zu viele!), mit einer guten Reihenfolge und einem guten Ansprechniveau Ihrer Teilnehmenden… davon hängt Ihr Ergebnis in entscheidender Weise ab.

Dieses Buch kann es (leider) nicht leisten, Ihnen hier alle wichtigen Hintergründe zu vermitteln, wie ein Fragebogen aufgebaut und getestet werden muss etc. Wenn Sie nicht im Rahmen Ihres Studiums ohnehin

gelernt haben, wie man eine Umfrage durchführt, so lesen Sie sich bitte erst einmal ein. Es gibt online viel auch gutes Material dazu, das Sie leicht über Google finden werden. Auch hierzu möchte ich gerne ein Video von shribe! empfehlen, das Sie sich gerne ansehen können, wenn es noch da ist:
https://www.youtube.com/watch?v=N7NZUdbnH2s

Die 6 häufigsten Stolpersteine

Zunächst schauen wir auf den Inhalt Ihrer Umfrage. Zu beachten sind aus meiner Erfahrung folgende **sechs** wichtige Punkte, an denen am häufigsten Fehler entstehen. Diese Liste ist natürlich nicht vollständig, aber wer wenigstens diese sechs schonmal beachtet, ist nach meiner Erfahrung auf einem guten Weg.

- **Nr. 1**: Starten Sie mit bibliographischen Abfragen, damit Sie später Ihre Ergebnisse ggf. In verschiedene Kohorten einteilen können. Außerdem sind diese Fragen leicht zu beantworten (siehe Nr. 2).
- **Nr. 2**: Achten Sie darauf, dass Sie mit leichten Fragen einsteigen und zu schwereren übergehen (*Trichterprinzip*), damit Sie die Teilnehmenden abholen und genügend Menschen bis zum Ende Ihrer Umfrage mitnehmen.
- **Nr. 3**: Achten Sie darauf, dass Sie Fachbegriffe stets definieren, sodass Menschen aller Hintergründe prinzipiell teilnehmen können, ohne Barriere.
- **Nr. 4**: Machen Sie Ihre Umfrage nicht zu lang. Die meisten Menschen haben heutzutage nur eine kurze Aufmerksamkeitsspanne. 20 Fragen sind meines Erachtens im Allgemeinen eine Obergrenze.
- **Nr. 5**: Bedenken Sie, dass Sie, wenn möglich, genügend multiple choice-Fragen stellen, also Fragen mit Auswahlmöglichkeiten in der Antwort, und nicht zu viele offene Fragen, sonst tun Sie sich nachher mit der Auswertung schwer.

3 Schritt 2: Die Methode – Wie Sie Ihre Forschungsmethode wählen

- **Nr. 6**: Achten Sie darauf, dass Ihre Fragen keinen *confirmation bias* enthalten, also nicht ein Ergebnis bestätigen, das Sie vielleicht schon im Kopf haben. Die Fragen müssen offen genug formuliert sein, dass jedes Ergebnis herauskommen kann. Und doch klar und kompakt genug, dass sich nicht mehrere Themen oder Fragen in einer Frage „verstecken". Sonst wollen Teilnehmende zu einem Aspekt der Frage vielleicht etwas anderes antworten als zu einem anderen. Das führt zu Verwirrung und einer Verzerrung in den Antworten.

Sie können die Umfrage über verschiedene Online-Tools durchführen. Ich empfehle, mit Ihrem Betreuer oder Ihrer Betreuerin abzustimmen, welches Tool Ihre Hochschule oder Universität im Allgemeinen verwendet oder empfiehlt.

Ein **Negativbeispiel** für Sie zu Punkt 4:

Eine Masterarbeit bei mir ist leider einmal gescheitert, weil viel zu viele Fragen für die Umfrage erstellt wurden (ca. 50 Fragen – das macht heute nach meiner Erfahrung fast niemand mehr mit. Selbst ich, die ich meist geduldig bin, würde hier aussteigen.). Das Reduzieren dieser Fragen um die Hälfte (mindestens) wäre dringend nötig gewesen – gelang der Studierenden aber leider aus verschiedenen Gründen, trotz Hilfestellung, nicht zu ihrer eigenen Zufriedenheit. Irgendwann war die Zeit für die Bearbeitung der Masterarbeit abgelaufen. Das sollte Ihnen bitte nicht passieren. Maximal 20 Fragen halte ich aus meiner Erfahrung für eine sinnvolle Obergrenze eines Fragebogens.

Ich habe wirklich viele Umfragen von Studierenden gesehen, die mehr als 30 Fragen enthielten. Ich frage Sie ganz ehrlich: Wie oft haben Sie selbst Umfragen zu Ende ausgeführt, wenn diese mehr als 30 komplexe Fragen beinhalteten und der oder die Fragenstellende nicht gerade Ihre beste Freundin oder ein Verwandter war? Diese Anzahl von Fragen macht es unwahrscheinlich, dass eine relevante Anzahl von Personen Ihre Umfrage bis zum Ende ordentlich durchgehen und beantworten wird.

Was bei Ihrer Stichprobe zu beachten ist

Ganz wichtig bei einer Umfrage ist aber nicht zuletzt auch die Größe und Diversität Ihrer Stichprobe. Fragen Sie sich daher: Wie stellen Sie sicher, dass Sie genügend Menschen gewinnen können, die Ihre Umfrage ausfüllen? Vielleicht wollen Sie die Umfrage über soziale Medien teilen und dazu Ihre eigenen Kanäle verwenden? Fragen Sie sich kritisch: Werden Sie dadurch Menschen aller Altersklassen und Hintergründe erreichen? Oder letztlich doch nur Menschen aus ihrem Bekanntenkreis, die also Ihnen irgendwie ähneln? Man spricht dann von einer „Blase".

Eine Möglichkeit, damit umzugehen, ist es, die Frage Ihrer Bachelor- oder Masterarbeit, also Ihre Forschungsfrage, einzugrenzen auf eine bestimmte Generation, zum Beispiel die Generation Z (falls dies die Generation wäre, die am ehesten mit Ihnen über Ihre sozialen Kanäle verbunden wäre). Dann wäre es in Ordnung, nur Menschen eines bestimmten Alters zu befragen.

Oder Sie grenzen die Generation auf jene ein, die gerade an Ihrer Hochschule oder Universität studiert. Dann können Sie die Umfrage dort teilen und die Zielgruppe „darf" sozusagen eingeschränkt sein. Aber was ist mit anderen Menschen? Sie müssen sich darüber zumindest Gedanken machen und dies in Ihrer Arbeit diskutieren.

Teepause Umfragen – kritische Fragen zum Konzept

Sie möchten eine Umfrage machen? Wie werden Sie die Umfrage erstellen? Wo werden Sie Ihre Umfrage teilen? Wird dadurch Ihre Stichprobe hinreichend divers sein? Wenn Sie die Umfrage über Ihre Hochschule teilen: Stehen die Menschen aus Ihrer Hochschule nicht doch auch wieder für einen speziellen Typus und haben wir damit in den Ergebnissen nicht auch wieder einen Trend, der nicht der Allgemeinheit entsprechen muss? Wollen Sie dann Ihre Forschungsfrage entsprechend anpassen, macht das auf Ihrem Themengebiet Sinn?

Daher bieten sich manche Forschungsfrage für eine Umfrage an, nämlich dann, wenn sie insgesamt eingegrenzt ist auf bestimmte Zielgruppen, die Sie auch erreichen können. Andere Forschungsfragen sind ggf. weniger geeignet.

Beim Auswerten einer Umfrage, nicht zuletzt, sollten Sie auch Kreuzkorrelationen untersuchen. Lesen Sie sich dazu bitte noch einmal ein. Gemeint ist, ob bestimmte Ergebnisse stets gemeinsam mit bestimmten anderen Ergebnissen auftreten. Ich habe Auswertungen von Umfragen gesehen, wo nur die Statistik der einzelnen Fragen betrachtet wurde und nicht gefragt wurde, ob bestimmte Antworten korreliert auftraten, also oft oder immer gemeinsam mit bestimmten Antworten auf andere Fragen. Dies hat durchaus zu einem Notenabzug geführt.

Meine Bitte also: Wenn Sie eine Umfrage durchführen wollen, dann informieren Sie sich vorher bitte noch einmal genau über die Methodik, also das methodische Vorgehen. Stellen Sie sicher, dass Sie Ihre Fragen so formulieren, dass sie nicht bereits eine Antwort favorisieren oder vorwegnehmen. Stellen Sie außerdem sicher, dass Sie genau die Zielgruppe erreichen, die Sie mit Ihrer Arbeit untersuchen wollen, und nicht den Anspruch erheben, eine allgemein gesellschaftliche Antwort zu finden, wenn Sie nur einen bestimmten Teil der Gesellschaft mit Ihrer Umfrage erreichen.

Und nicht zuletzt: Es müssen natürlich hinreichend viele Menschen an ihrer Umfrage teilnehmen. Hier ist es ähnlich wie in anderen Methoden: 100 Teilnehmende sind ein unterer Grenzwert.

Die Umfrage als „zusätzliche" Methode

Eine Umfrage muss aber nicht alleinige Methode in einer Bachelor- oder Masterarbeit sein. Es gibt auch die Möglichkeit, beispielsweise einen Prototypen für etwas zu entwickeln, und anschließend eine Umfrage zu starten, die sich auf diesen Prototypen bezieht, ähnlich wie in der Marktforschung. Sie können also überlegen, ob Sie ihre Arbeit um eine Umfrage ergänzen.

Auch hier ist dann wieder Vorsicht geboten: Wenn Sie die Umfrage vor der Entwicklung des Prototypen durchführen, sollten Sie die Teilnehmenden nicht zu sehr fragen, was diese sich wünschen. Hier gilt das Beispiel Henry Fords als Erinnerungsstütze.

Demnach hätten die Menschen bei einer Umfrage zur Kutschenzeit, was sie sich denn wünschten, wahrscheinlich geantwortet: „Schnellere Kutschen".

Sie wären nicht auf das Automobil gekommen. Eine bessere Frage wäre gewesen, was die Menschen im Alltag störe oder belaste.

Im sogenannten *Design Thinking*, einer klugen Methode, die sich unter anderem zur Entwicklung von Business-Strategien oder neuen Produkten eignet, spricht man von „Pains", die Ihre Kunden und Kundinnen haben.

Bei der Frage, was die Menschen im Alltag belaste, wäre dann möglicherweise etwas Hilfreiches herausgekommen, als die „schnelleren Kutschen", nämlich, dass sie einfach schneller von einem Ort an den anderen gelangen wollten. Und dies wiederum hätte die Erfindung des Automobils inspirieren können. Ein kleiner aber feiner Unterschied, den Sie einfach bitte mitdenken sollten.

Bei einer Umfrage, die in Ihrer Arbeit einer Prototyp-Entwicklung nachfolgt, muss man auch wiederum aufpassen. Wenn ich Teilnehmende frage, ob sie meinen Prototypen gut finden und kaufen würden, und sie kennen und mögen mich, wird die Antwort höchstwahrscheinlich positiver ausfallen, als bei einer ganz neutralen Zielgruppenbefragung.

Wenn Sie diese Stolpersteine aber im Blick haben, kann eine Umfrage natürlich eine Arbeit ergänzen. Insbesondere zum Beispiel, wenn ein Prototyp oder eine Empfehlung entwickelt wird.

Die Umfrage also als Ergänzung wählen? Im Allgemeinen hat sich bei mir gezeigt, dass im Rahmen einer Bachelorarbeit eine Methode völlig ausreicht. Das Kombinieren mehrerer Methoden ist möglich, im Allgemeinen aber nicht nötig und hat nach meinem Dafürhalten bisher nie dafür gesorgt, dass eine Arbeit deutlich besser bewertet wurde oder ein Ergebnis deutlich solider war. Bei einer Masterarbeit, die ja doppelt so lang ist, kann man eher darüber nachdenken. Da kann es im Einzelfall Sinn machen.

Meine ganz persönliche Empfehlung: Lieber eine klare Methode auswählen und diese sauber durchführen. Stolpersteine vermeiden. Immerhin haben Sie gerade bei der Bachelorarbeit nur drei Monate Zeit, da würde ich mich persönlich nicht verkünsteln.

Hypothesen formulieren

Auch bei der Umfrage als Methode wird man in einigen Fällen Hypothesen formulieren, die man in der Arbeit vor dem Umfrageteil einbringt und motiviert. Nach dem Durchführen und Auswerten der Umfrage wird man dann darauf eingehen, inwiefern sich die Hypothesen im Rahmen der eigenen Arbeit und auf Basis der Umfrage bestätigt haben oder ob sie widerlegt wurden.

Im dritten Kapitel dieses Buches werden wir nochmal ausführlich darauf eingehen, wie man Hypothesen sinnvoll formuliert.

Fazit

Die Methode der Umfrage kann, wenn sie gekonnt angewendet wird, Freude machen und zu spannenden Ergebnissen führen. Allerdings muss darauf geachtet werden, dass Sie die wichtigsten Stolpersteine vermeiden, die wir im obigen Abschnitt genannt haben.

Mein Tipp: Wenn Sie diese Methode nutzen wollen, schauen Sie nochmal in Ihre Vorlesungsunterlagen, in weiterführende Literatur zum Thema Fragebogen-Erstellen oder in das zitierte Video von shribe! (https://www.youtube.com/watch?v=N7NZUdbnH2s) und schreiben Sie im Mittelteil Ihrer Arbeit, dem sogenannten Methodenteil, ein eigenes Unterkapitel, in dem Sie genau erklären, wie Sie die Fragen erstellt und den Fragebogen gebaut haben, wie Sie ihn getestet haben und wie Sie ihn an welche Zielgruppe verbreitet haben.

Werten Sie auch Korrelationen aus und diskutieren Sie die Methode am Ende der Arbeit nochmal kritisch. Dann kann ein sehr gutes Ergebnis erreicht werden.

Methode 4: Der Prototyp

Im Fokus mancher Bachelorarbeiten liegt es, einen Prototypen zu entwickeln. Beispielsweise betreute ich einmal eine Arbeit, in der ein Prototyp für eine App entwickelt wurde, mit der man einen innenarchitektonischen Ausbau besser selbstständig planen und durchführen konnte.

Um diesen Prototypen zu entwickeln, hatte es sich als sinnvoll erwiesen, zunächst eine kleine Anzahl von Experten- und Expertinnen-Interviews zu führen, diese nach Mayring auszuwerten, bestimmte Kategorien zu bilden, zu sehen, was die Gesprächspartner und -partnerinnen als besonders wichtig erachteten, und diese Ergebnisse dann in den Prototypen einfließen zu lassen.

Dies ist ja auch das Vorgehen in der agilen Produktentwicklung: Dass man nicht im Vakuum plant, sondern die Bedürfnisse der Zielgruppe anhört, dann einen Prototypen erstellt, und normalerweise diesen dann iterativ immer wieder der Zielgruppe zuführt, um Feedback einzuholen.

Im Rahmen Ihrer Bachelorarbeit können Sie dies nicht bis zum sogenannten MVP, dem *minimal viable product*, durchführen. Dazu müssten Sie iterativ immer wieder Feedback aus der Zielgruppe einholen und das Produkt schrittweise entwickeln, bis es im Prinzip in einer Version 1,0 nutzbar geworden ist. Sie müssen bei einer 3–6-monatigen Arbeit im Allgemeinen leider irgendwo früher einen Einschnitt machen.

Was aber im Rahmen einer Bachelor- und noch ein bisschen besser im Rahmen einer Masterarbeit möglich ist, wäre zuerst, wie in der Arbeit, die ich damals betreute, eine kleine Anzahl von Interviews zu führen und dann auf dieser Basis einen Prototypen zu entwerfen, den Sie dann ggf. noch einmal von einer Zielgruppe testen lassen.

Eine andere Möglichkeit wäre es, Literatur auszuwerten oder eine vergleichende Inhaltsanalyse zu machen, indem sie beispielsweise andere erfolgreiche Apps untersuchen. Dann könnten Sie anschließend auf Basis dieser Ergebnisse einen Prototypen entwerfen.

Sie könnten an beide Vorgehensweisen anschließend auch noch eine Umfrage/Zielgruppenbefragung durchführen, um zu sehen, wie Menschen auf Ihren Prototypen reagieren. Ich sage aber gerne nochmals, was ich bereits im vorherigen Kapitel sagte: Sie sollten nach meiner Erfahrung nicht zu viele verschiedene Methoden in Ihrer Bachelor- oder Masterarbeit verwenden. Lieber wenige Methoden oder nur eine, und diese dafür sauber durchführen.

Wie kann ich also am besten die Methode „Prototyp" in meiner Bachelor- oder Masterarbeit anwenden? Aus meiner Erfahrung ist das erfolgreichste Vorgehen, entweder zuerst einige gezielte Interviews zu führen oder Literatur auszuwerten/Beispiele zu vergleichen, und dann auf der Basis dieser Erkenntnisse einen Prototypen zu entwickeln. Damit endet dann im Allgemeinen Ihre Bachelor- oder Masterarbeit. Der Prototyp steht dann für das Ergebnis Ihrer Analyse, als visuelle Zusammenfassung von Handlungsempfehlungen.

Spannende Methode bei externer Zweitbetreuung

Diese Methode hat sich insbesondere bewährt, wenn man als Zweitbetreuer oder Zweitbetreuerin jemanden aus einer bestimmten Branche oder aus einem Unternehmen gewählt hat.

Beispielsweise möchten Sie einen Prototypen für eine bestimmte Plattform für ein Unternehmen entwickeln, also z. B. einen TikTok-Auftritt für einen bestimmten Verlag, oder ähnlich. Wenn die Person, die Ihre Arbeit mitbetreut, tatsächlich aus diesem Unternehmen stammt, ist der Prototyp für diese Person natürlich besonders interessant und relevant. Vielleicht haben Sie dann auch die Möglichkeit, im Rahmen Ihrer Bachelor- oder Masterarbeit zwischendrin Feedback von diesem Zweitbetreuenden einzuholen.

Dies muss aber übrigens nicht sein und kann auch die Freiheit Ihres Denkens einschränken, daher ist diese Idee mit Vorsicht zu genießen. Es ist aber durchaus eine Möglichkeit, die Sie überlegen können.

Alternativ können Sie mit dem oder der Zweitbetreuenden zu Beginn der Arbeit überlegen, was das Unternehmen braucht oder sich wünscht, was schon angedacht ist, was möglich ist etc., Sie machen also eine Status Quo-Erhebung. Danach arbeiten Sie selbstständig und präsentieren erst zum Ende Ihrer Bachelor- oder Masterarbeit im Rahmen der Verteidigung oder einfach in Ihrer schriftlichen Ausführung Ihren Prototypen auf Basis Ihrer Recherche.

Achtung! Wenn Sie ein Unternehmen fragen, was es sich wünscht, haben Sie wieder den „Schnellere Kutschen"-Effekt. Sie sollten also eher fragen, was dem Unternehmen fehlt, wo Pains liegen.

Achtung! Einmal führte jemand eine Bachelorarbeit gemeinsam mit einem Unternehmen durch und saß dabei auch im Unternehmen. Die Arbeit wurde dann so engmaschig vom Unternehmen begutachtet und begleitet, dass jegliche künstlerische Freiheit verloren ging. Am Ende erarbeitete der Studierende nur genau das, was das Unternehmen wollte und kannte – wobei viel Potenzial verloren ging, bezüglich dessen, was am Markt noch an weiteren Möglichkeiten bestanden hätte.

Die Zusammenarbeit mit einem Unternehmen und gezielte Entwicklung eines Prototypen für das Unternehmen ist aber in den meisten Fällen eine spannende Option für eine Bachelor- oder Masterarbeit. Je nach Schwerpunkt Ihrer Arbeit könnte dann der Fokus darauf liegen, dass Sie zunächst aktuelle Literatur vergleichen und auswerten, beziehungsweise Produkte vergleichen und auswerten – also eine gute Best-Practise-Analyse durchführen, bevor Sie mit der Entwicklung starten. Alternativ könnten Sie diesen ersten Teil knapp halten und dafür etwas mehr Zeit investieren, einen im Design ausführlichen und guten Prototypen zu entwerfen, oder einen Prototypen, der technisch alle Spezifikationen erfüllt etc. Im zweiten Fall müsste der Prototyp deutlich detaillierter werden als im ersten.

Es kann also Teil eins, die Recherche, oder Teil zwei, die Ausarbeitung des Prototypen, im Vordergrund stehen. Bei der oben erwähnten Arbeit, die ich betreut habe, bei der es um eine App für innenarchitektonischen Ausbau ging, war ich Zweitbetreuerin, es war im Grunde eine Designarbeit: Im Fokus stand die detaillierte gestalterische Ausarbeitung der App und weniger der analytische erste Teil. Schließlich muss man sich im Rahmen einer Bachelor Arbeit eben doch auch beschränken. Nicht ganz so eng ist es bei einer Masterarbeit – da könnten beide Teile gleichwertig sein.

Oft erfolgreich: Methode 1 & 4 kombinieren

Nach meiner Erfahrung sind sehr viele erfolgreiche Arbeiten entstanden, die die Methode der qualitativ-quantitativen Analyse (z. B. konkret einen Best-Practise-Vergleich) mit der Methode des Prototypen verbanden. Die aus dem Best-Practise-Vergleich abgeleiteten Erfolgsfaktoren wurden dabei in geschickter Weise zu einem Prototypen zusammengesetzt (wobei natürlich aufgepasst werden muss, dass kein „Frankenstein's Monster-Produkt" entsteht – sondern die Erfolgsfaktoren auch möglichst sinnvoll zusammenspielen).

Der Prototyp war dann also eine aus der Erfolgsanalyse abgeleitete Handlungsempfehlung für ein bestimmtes Unternehmen. In dieser Form kann ich die Methodik des Prototypen in besonderer Weise empfehlen.

Empfehlung: Design Thinking

Bei der Entwicklung eines Prototypen kann ich nicht zuletzt nur wärmstens empfehlen, die Methode des *Design Thinking* zu verwenden. Wenn Sie sich dort einlesen, finden Sie u. a. den sogenannten *Business Model Canvas* (BMC) – eine einseitige Darstellung eines Geschäftsmodells einer Firma, Business Unit oder auch für ein Produkt. Die Aspekte, die dort abgefragt werden, sollten auch für Ihren Prototypen geklärt und in der Arbeit kommentiert werden.

Selbst, wenn Ihr Fokus auf einem bestimmten Aspekt liegt, wie Usability, User Experience, Design o. ä., sollten Sie die anderen Aspekte eines Produktes, wie dessen Business Modell und Herstellungsverfahren etc., nicht aus dem Auge verlieren. Dabei hilft es Ihnen, wenn Sie einen BMC ausfüllen und zu einem Unterkapitel Ihrer Arbeit machen.

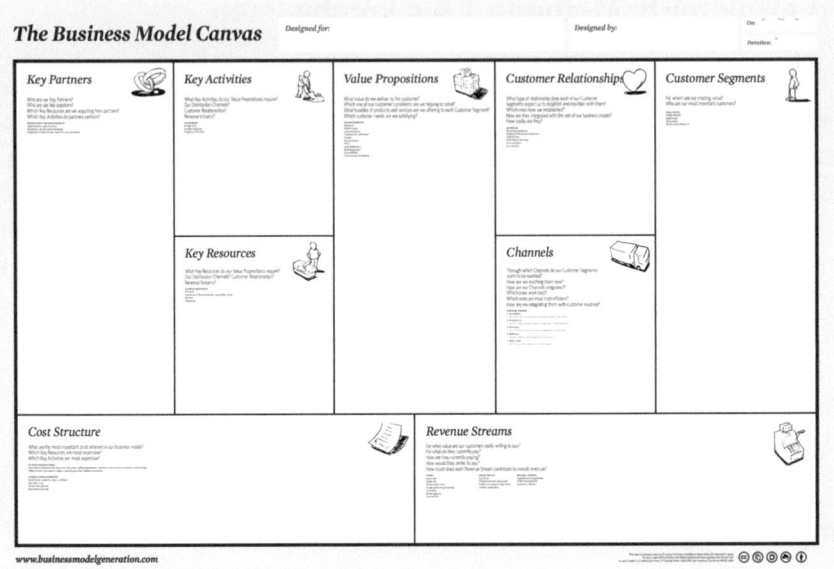

Wichtig: Jedes Produkt sollte von der Zielgruppe aus gedacht sein. Denken Sie also dran, eine oder zwei Personas zu erstellen und zu erklären, warum Ihr Prototyp gerade so gebaut ist, dass er die Pains und Gains Ihrer Persona berücksichtigt. Dabei hilft Ihnen in der Erstellung der sogenannte *Value Proposition Canvas* (VPC) aus dem Design Thinking, der ein Teil des obigen BMC ist:

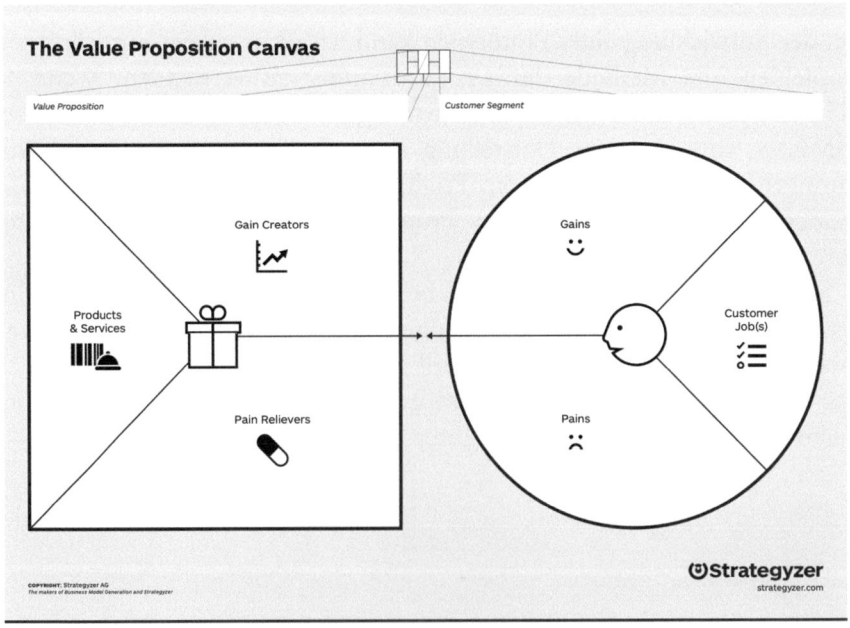

Mehr finden Sie auch im Internet, z. B. unter strategyzer.com.

Stolperfallen, die Sie vermeiden sollten

Bei der Methode des Prototyps ist nach meiner Erfahrung die größte Herausforderung, sich die Zeit gut einzuteilen. Wo wird Ihr Schwerpunkt liegen, auf der Entwicklung des detaillierten Prototypen oder auf der Umfrage/Recherche/Best-Practise-Analyse? Ist der Prototyp „nur" eine Visualisierung Ihrer Erkenntnisse aus dem Best-Practise-Vergleich oder eine ausführliche eigene Entwicklung? Lassen Sie den Prototypen nachher durch Interviews oder eine Umfrage nochmal bewerten und ergänzen? Wie immer Ihre Antwort lautet: Dies gilt es genau zu planen und sich die Zeit gut einzuteilen.

Auch sollten Sie mit Ihrem Betreuer oder Ihrer Betreuerin genau besprechen, wo der Fokus liegen soll. Angrenzende Bereiche dürfen trotzdem nicht ganz aus den Augen verloren werden. Verwenden Sie dazu idealerweise die Methodik des Design Thinking.

Negativbeispiel:

Hier noch ein Beispiel für Sie, warum es wichtig ist, nicht nur Ihren zentralen Aspekt in der Erstellung des Prototyps, sondern auch andere Produktaspekte im Blick zu haben. Einmal habe ich eine Arbeit betreut, bei der eine App entwickelt wurde – aber nichts über das Business Modell dahinter gesagt wurde. Das ist natürlich durchaus ein Manko und erhielt auch Abzug – denn ohne Business Modell und genaue Definition der Zielgruppe, kann ich natürlich auch nicht exakt auf den User oder die Userin und deren Bedürfnisse zuarbeiten, weil mein Zielgruppenprofil dann u. U. nicht scharf genug ist.

Methode 5: Die Eigendefinition

Es gibt eine weitere Methode, die ich bisher selten in Bachelorarbeiten gesehen habe, und die eher in Masterarbeiten oder Promotionen Anwendung findet, weil sie gegebenenfalls etwas aufwändiger ist. Dennoch wäre diese Methode im Prinzip auch für Bachelorarbeiten möglich. Ich nenne sie die Methode der Eigendefinition.

Eine Definition entwickeln

Die Methode funktioniert so, dass man auf Basis von Literaturrecherche oder vergleichender Inhaltsanalyse eine eigene Definition für etwas vorschlägt. In der Literaturwissenschaft könnte dies beispielsweise eine Definition der *„Romantik"* versus der *„schwarzen Romantik"* sein. Sie entwickeln dann eine Definition, um diese beiden voneinander abzugrenzen.

Sie definieren also, was „schwarze Romantik" im Vergleich zur „Romantik" ist, d. h.: Sie stellen eine Definition für schwarze Romantik auf. Danach schauen Sie, was Sie mit dieser neuen Definition erreichen können. Beispielsweise könnten Sie ein oder mehrere Werke der Literatur untersuchen und feststellen, welche davon als schwarze Romantik zu klassifizieren sind, oder ähnliches.

Ein weiteres Beispiel, diesmal aus der Philosophie. Hier könnte die Methodik der Eigendefinition beispielsweise so umgesetzt werden, dass Sie eine eigene neue Definition des *Verstehensbegriffs* vorschlagen. Dies war übrigens Teil meiner eigenen Promotion. Sie entwickeln also eine Definition für „Verstehen". Sie lesen zunächst die Forschungsliteratur. Analysieren, wie Verstehen bislang definiert wurde. Und schlagen dann eine neue Definition vor, die Sie zu existierenden Definitionen in Bezug setzen und davon abgrenzen. „Verstehen ist für mich, wenn…" Dann können Sie beispielsweise testen, mit welchen Theorien Ihr Verstehen am besten erreicht wird.

Analog könnten Sie definieren: Ein Protagonist in einem Roman gilt dann als *divers*, wenn er oder sie… Sie sehen, die Methodik der Eigendefinition ist thematisch vielfältig anwendbar.

Ihre Definition anwenden

Wenn Sie eine solche Definition formuliert haben, können Sie anschließend eine bestimmte Zahl von Werken oder Produkten oder Webseiten oder sonstigen Elementen bezüglich ihrer Definition untersuchen. Sie können also beispielsweise untersuchen, ob die Protagonisten eines bestimmten Werkes laut ihrer Definition divers sind, oder eben in sonstiger Weise Ihrer Definition genügen. Sie können untersuchen, ob ein bestimmtes Werk oder Werke einer Epoche oder Kultur o. ä. eher der Romantik oder der schwarzen Romantik zuzuordnen ist, nach ihrer Definition. Sie können untersuchen, ob eine bestimmte physikalische Theorie Verstehen erzeugt, wie Sie es definiert haben.

Dies ist eine Methode, die Sie ebenfalls für Ihre Bachelor- oder Masterarbeit in Betracht ziehen können. Nach meiner Einschätzung bedarf es für das Formulieren einer eigenen Definition genügend Zeit, um Literatur und den aktuellen Forschungsstand adäquat auszuwerten. Daher scheint mir diese Methode, nach meiner Erfahrung, eher für eine Masterarbeit oder Doktorarbeit geeignet als für die drei Monate einer Bachelorarbeit.

Wenn Sie jedoch bereits Experte oder Expertin auf einem bestimmten Gebiet geworden sind, und eine eigenwillige Vorstellung einer Definition mitbringen, dann kann dies auch eine Methode sein, die in Ihrer Bachelor Arbeit Anwendung findet, und daher wollte ich sie hier nicht unerwähnt lassen.

> **Teepause Eigendefinition – mutig, aber spannend**
>
>
>
> Gibt es in Ihrem Bereich etwas, das Sie anders definieren als bisherige Literatur? Haben Sie eine Unterkategorie von etwas entdeckt und wollen hier eine neue Überschrift oder Kategorie einführen? Dann könnte dieser Ansatz für Sie spannend sein.

Wie Sie Ihre Forschungsfrage und Methode kombinieren

Jetzt ist es soweit. Sie haben möglicherweise eine Methode gefunden, die Ihnen am meisten entspricht. Das würde mich freuen. Wenn Sie sich nicht entscheiden können, dann nehmen Sie einfach Nr. 1, die qualitativ-quantitative Inhaltsanalyse. Diese ist nach meiner Erfahrung letztlich am einfachsten, insbesondere für Bachelorarbeiten.

Sie haben auch schon eine erste Idee für Ihre Forschungsfrage. Jetzt bauen wir diese zwei Teile zusammen: Forschungsfrage plus Methode. Denn das ist die Bachelor- oder Masterarbeit, eine gelungene Summe aus beiden.

Nehmen wir also an, Sie hätten sich für ein Thema wie beispielsweise „Soziale Medien und deren Nutzen für Lokalzeitungen" interessiert. Außerdem interessieren Sie sich für die Methode Nr. 1, also die vergleichende Inhaltsanalyse.

Bauen wir dies also zusammen. Nehmen wir noch zusätzlich an, Sie hätten als Zweitbetreuenden jemanden aus der Redaktion einer Lokalzeitung gefunden. Wie könnte nun also die Forschungsfrage lauten? Ich mache ein paar Vorschläge für den Haupttitel:

Mit Instagram junge Zielgruppen für lokale News begeistern
Oder

TikTok für Lokalzeitungen.
Der Untertitel der Bachelorarbeit könnte dann Ihre Methodik beinhalten und hier lauten:
Eine vergleichende Analyse.
Oder
Eine vergleichende Analyse mit Entwicklung eines Prototypen für die Zeitung XY

Oder ähnlich.

Sie sehen: Die Methode wird so mindestens im Untertitel oft zum Teil der Forschungsfrage.

Teepause Forschungsfrage – finalisieren

Versuchen Sie es selbst. Nehmen Sie die beste aktuelle Version Ihrer Forschungsfrage, die Sie entweder durch Ihren Betreuer oder Ihre Betreuerin erhalten oder als Ergebnis unseres Kap. 1 für sich erschlossen haben. Überlegen Sie, welche Methode Ihnen am meisten zugesagt hat. Schreiben Sie dann auf: Wie kann ich meine Methode nutzen, um meine Forschungsfrage zu beantworten? Was muss ich tun? Wie wird dann der Titel meiner Arbeit lauten? Verwenden Sie als Unterstützung die beispielhaften Titel oberhalb dieser Teepause.

Weiterführende Literatur

Jacob, R., Heinz, A., & Décieux, J. P. (2013). *Einführung in die Methoden der Umfrageforschung.* https://doi.org/10.1524/9783486736175.

Mayring, P. (2000). Qualitative Inhaltsanalyse [28 Absätze]. *Forum Qualitative Sozialforschung/Forum: Qualitative Social Research, 1*(2), Art. 20. http://nbn-resolving.de/urn:nbn:de:0114-fqs0002204.

Robert, K. (2014). *„Qualitative Experteninterviews." Konzeptionelle Grundlagen und praktische Durchführung.* Springer VS.

Schallmo, D., & Lang, K. (2020). *Design Thinking erfolgreich anwenden* (2. Aufl.). Springer Fachmedien Wiesbaden GmbH (Verlag). 978-3-658-28324-7.

4

Schritt 3: Ihre Hypothesen formulieren

Inhaltsverzeichnis

Vorab Extra-Infos für die Masterarbeit	89
So formulieren Sie Ihre Hypothesen richtig	89
Ihre Hypothesen korrekt diskutieren	96
Hypothesen-FAQ	97
Hypothesen-Finder: Konkrete Anleitung	97
Ihr persönlicher Hypothesen-Finder	101
Weiterführende Literatur	103

Hier hatte ich zu Midjourney gesagt: A young man and a young woman are standing on a wide field, suddenly the sky opens and down comes a hypothesis. Die kann ich allerdings nicht sehen, oder Sie? Macht nichts. Ihre Hypothesen machen wir dafür jetzt gemeinsam sichtbar.

In manchen der oben vorgestellten Methoden ist es nötig, Hypothesen zu formulieren, die sich dann im Rahmen Ihrer Arbeit bestätigen oder widerlegen lassen. Da die Hypothesen dann jeweils ein sehr wichtiger Teil Ihrer Arbeit sind, habe ich Ihnen ein eigenes Kapitel gewidmet.

Wenn Sie für sich eine Forschungsmethode ausgewählt haben, bei der Sie keine Hypothesen formulieren müssen, können Sie jetzt in Ruhe zu Schritt 4 weitergehen. Wenn Sie jedoch eine Methode ausgewählt haben, bei der Sie Hypothesen formulieren müssen oder wollen, dann lesen Sie hier bitte weiter und wir sorgen dafür, dass Sie gute Hypothesen formulieren – denn diese sind für eine gute oder sehr gute Note und für eine erfolgreiche Arbeit wirklich zentral wichtig.

Vorab Extra-Infos für die Masterarbeit

Liebe Masteranden und Masterandinnen, wieder gilt dieser Schritt auch für Sie – denn auch in Masterarbeiten können oft Hypothesen vorangestellt werden und dadurch die Untersuchung leiten. Man weiß dann, worauf man hinarbeitet. Hypothesen sind nicht für alle Methoden zwingend vorgesehen – ich kenne aber keinen Fall, in dem Hypothesen wirklich fehl am Platze wären. Nach meiner Sicht sind sie ein sehr hilfreiches Werkzeug, um Forschung anzuleiten und zu konkretisieren.

Es wird von Ihnen aber erwartet, dass, ähnlich wie bei der Forschungsfrage, die Hypothesen noch treffender und besser motiviert und begründet werden als das im Bachelor manchmal aus Zeitgründen möglich ist. Sie haben als Master-Studierende jedoch einen größeren Überblick und sind nicht mehr ganz so naiv. Man erwartet, dass Ihre Hypothesen nicht zu banal sind und wirklich auf aktuelle Erkenntnisse aufsetzen.

Es empfiehlt sich also, sehr gut aus der Literatur herauszuarbeiten, was aktueller Erkenntnisstand ist und wo noch Fragen offen sind, bzw. wo Sie und warum Sie etwas nochmal überprüfen oder untersuchen möchten. Diese Begründung gelingt nur, wenn Sie wirklich eine intensive Literaturrecherche durchführen. Sie werden im kommenden Kapitel genauer darauf hingewiesen, ich erwähne es hier aber wieder einmal, um Ihnen die Relevanz dieses wichtigen und für eine wissenschaftliche Arbeit unabdingbaren Fundaments nochmal deutlich vor Augen zu führen.

So formulieren Sie Ihre Hypothesen richtig

Vor der Durchführung einer qualitativ-quantitativen Analyse (Methode 1 in diesem Buch) oder auch oft vor Experten- oder Expertinnen-Interviews (Methode 2) oder bei Umfragen (Methode 3) werden im Allgemeinen Hypothesen formuliert. Das muss übrigens nicht sein. Ist aber ein nützliches Element, das Ihnen hilft, Ihre Analyse fokussiert durchzuführen und auszuwerten. Nach Durchführung der Methode wird dann analysiert, ob die Hypothesen im Rahmen der Arbeit eher bestätigt werden konnten oder ob sie widerlegt wurden.

Die Hypothesen bezeichnet man meist mit H1, H2, H3.... Sie werden am Ende der Einleitung explizit aufgeschrieben.

Hypothesen dürfen nicht zu weich formuliert sein, d. h., dass sie idealerweise qualitative und quantitative klare, kurze, wohldefinierte Aussagen sind, die man falsifizieren (also im Prinzip widerlegen) kann.

Ein **positives Beispiel** wäre:

H1: Verlage, die auf Instagram erfolgreich sind, posten täglich mehr als drei Beiträge.
Für diese Hypothese müssen Sie zunächst für sich und in der Arbeit definieren, was Sie mit *Erfolg* meinen. Anschließend können Sie aber genau messen, wie oft die von Ihnen als „erfolgreich" eingestuften Kanäle täglich posten (Teil Ihrer methodischen Durchführung), und ob Ihre Hypothese sich also bestätigt oder nicht.

Ähnlich wie beim Erstellen der Kategorien in der Methode nach Mayring (siehe dazu das entsprechende Unterkapitel im Schritt 2, Methode 1), gibt es die Möglichkeit, Hypothesen induktiv oder deduktiv zu erstellen, oder beide Ansätze zu nutzen.

Induktiv Hypothesen bilden heißt, dass Sie Ihre Hypothesen aus Ihrer Literaturrecherche ableiten. **Deduktiv Hypothesen bilden** heißt, dass Sie sich Ihre Untersuchungsobjekte oder Ihr Thema ansehen und sich überlegen, welche Hypothesen hier wohl Sinn machen könnten.

Ihre Hypothesen sollten aber bitte in jedem Fall nicht vom Himmel fallen. Sie sollten idealerweise aus ihrem Einführungsteil der Bacheloroder Masterarbeit folgen, also aus ihrer Literaturrecherche oder einer guten Motivation, die Sie schriftlich vorangestellt haben.

Wenn es sich beispielsweise in Ihrer Literaturrecherche und im Einleitungsteil gezeigt hat, dass aktuelle Experten und Expertinnen davon ausgehen, dass drei Postings auf Instagram pro Tag für ein Unternehmen ideal sind, so könnten Sie guten Gewissens und gut begründet als Hypothese 1 genau das formulieren und dann auf Basis ihres Datensatzes später untersuchen, wie es sich Ihnen darstellt. Wenn Sie selbst oft auf Instagram sind und den Eindruck gewonnen haben, dass diese Anzahl von Postings relevant ist, können Sie auch das aufschreiben. Aber bitte die Hypothesen motivieren und erklären, wie Sie darauf kamen.

Vielleicht wird sich zeigen, dass in der Tat drei Postings, ich habe diese Zahl hier übrigens fiktiv herausgegriffen, günstig sind. Vielleicht wird sich auch etwas ganz anderes zeigen. Das müssen Sie dann im Auswertungsteil Ihrer Arbeit jedenfalls diskutieren.

Achtung! Hypothesen, die zu weich formuliert sind, helfen nicht weiter. Sie sind nicht wissenschaftlich überprüfbar und daher ungeeignet.

Negativbeispiele: So bitte nicht

Hier möchte ich Ihnen drei Beispiele zeigen, wie Sie Hypothesen bitte nicht formulieren. Es sind wirkliche Beispiele aus meiner Praxis, mit den Kommentaren, die ich dazu gegeben habe:

Negativbeispiel 1:

H1: Medienunternehmen, die auf Instagram erfolgreich sind, posten spannende Beiträge.
Eine solche Hypothese halte ich für ungeeignet. Denn: Was heißt „spannend"? Dieser Begriff ist nicht wohldefiniert. Natürlich könnten Sie herangehen und den Begriff definieren. Dann wird die Hypothese möglicherweise doch noch überprüfbar. Es bleibt aber zumindest sehr herausfordernd, hier eine allgemein akzeptierte Definition zu finden, die nicht auf viele komplexere und umstrittene Kategorien zurückgreift. Denn was der eine oder die andere spannend findet, muss jemand anderes so gar nicht sehen. Also: Vorsicht mit solchen offenen Begriffen wie „spannend". Suchen Sie nach Begriffen, die klar sind, oder definieren Sie die Begriffe sonst alle sehr exakt.

Eine Hypothese muss messbar sein. Sie muss also quantitativ oder qualitativ eindeutig formuliert sein, damit wir sie mit der Auswertung Ihres Datensatzes am Ende belegen oder widerlegen können.

Negativbeispiel 2: Jemand untersuchte das Diskutieren oder Präsentieren von Büchern auf TikTok. Als erste Hypothese formulierte die Person:

H2: Bücher mit der Zielgruppe Young und New Adult sind sehr beliebt. Das Zeigen dieser Bücher auf BookTok stellt somit ein Erfolgskriterium dar.

Zunächst ist BookTok keine Plattform, es müsste also TikTok heißen. Bitte achten Sie in Ihren Hypothesen auf Korrektheit. Wenn Sie insbesondere die Darstellungsform BookTok ins Visier nehmen möchten, könnte man formulieren: „Das Zeigen dieser Bücher im Rahmen von BookTok auf TikTok…" oder ähnlich.

Man muss aber insbesondere auch deswegen die Hypothese noch einmal überarbeiten, weil sie so noch nicht messbar ist. Wir müssen sie so formulieren, dass sie klar auswertbar wird. Zum Beispiel:

„*Alle NA Fantasy Romane, die im letzten Jahr unter den Top 5 der Amazon-Bestseller-Liste erschienen sind* (oder ähnlich, aber hier müssen Sie jedenfalls eingrenzen, was Sie untersuchen wollen), *erhielten begleitend (d. h., vor, während oder kurz nach Erscheinen) eine Präsentation auf TikTok, entweder durch BookToker(innen) oder den Verlag selbst. Das Zeigen von NA Büchern auf BookTok korreliert also mit dem Erfolg der Bücher.*"

Sie sprechen hier von Korrelation, nicht Kausalität. Was ist gemeint? Nur, weil ein bestimmtes Buch begleitend TikTok-Auftritte erhielt, können Sie nicht beweisen, dass der Erfolg des Buches damit zusammenhing. Vielleicht wäre das Buch auch ohne den TikTok-Auftritt berühmt geworden. Oder sogar noch berühmter, wer weiß das. Alles, was wir sagen können, ist, ob beides zusammen auftritt, Erfolg und begleitender TikTok-Auftritt) oder nicht. Das ist erstmal das, was Sie messen können.

Die Hypothese muss auch sehr konkret machen, was Sie untersuchen wollen. Sie werden sich also die monatlichen Bestseller-Listen auf Amazon ansehen (was Sie separat nochmal argumentieren und begründen müssten) und werden unter den Top 5 Büchern aus der konkreten Kategorie Fantasy/NA recherchieren, ob es einen „begleitenden" TikTok-Auftritt gab, wobei mit „begleitend" auch definiert wurde, dass er rund um den Erscheinungstermin des Buches liegen muss, was Sie ebenfalls nochmal genauer definieren müssten.

Ja, das ist jetzt viel detaillierter und aufwendiger geworden – aber wie hätten Sie die Hypothese 1 sonst bestätigen oder widerlegen wollen? Es hieß darin „Das Zeigen dieser Bücher auf BookTok stellt ein Erfolgskriterium dar". Wie wollen Sie das belegen? Was genau wollen Sie messen, um diese Aussage zu stützen oder zu widerlegen? Wollen Sie messen, dass NA Bücher auf BookTok überproportional oft vorkommen? Selbst wenn Sie das herausfinden (was mir sehr aufwendig scheint, überlegen Sie, wie viele Beiträge Sie da untersuchen müssten, um eine reliable Aussage zu treffen…) – was hätten wir gewonnen? Sind NA Bücher dann erfolgreicher *wegen* BookTok? Oder oft auf BookTok, weil sie aufgrund eines anderen gesellschaftlichen Trends gerade *erfolgreich* sind? Was ist hier die Henne und was das Ei, wer hat also was verursacht?

Immer, wenn Sie das nicht genau sagen können, sprechen Sie bitte von Korrelationen (gemeinsamem Auftreten) und nicht von Kausalität (Verursachung).

Wir merken uns insbesondere: Seien Sie in Ihrer Hypothese ganz konkret, sagen Sie, was genau Sie messen wollen.

Negativbeispiel 3: Jemand formulierte folgende Hypothese in einem ähnlichen Forschungsgebiet wie im Negativbeispiel 2:

H3: Menschen folgen Menschen. Videos, in denen das Gesicht des Creators zu sehen ist, sind wichtig für den Erfolg auf Booktok.
Die letzte Satzhälfte ist so wieder nicht messbar. Wir müssen sie so formulieren, dass sie messbar wird, also konkretisieren. Zum Beispiel, ein Ansatz:

Videos, in denen ein Gesicht zu sehen ist, sind mehrheitlich erfolgreicher als solche ohne Gesicht, das heißt, sie werden im Mittel … öfter gesehen?/mehr geteilt ? (… hier müssen Sie definieren, was Sie als Erfolg ansehen und messen werden).

Denn, wie wollen sie sonst aussagen, ob etwas *wichtig* ist für den Erfolg auf BookTok? Das müssen Sie sich eben genau überlegen. Es kann andere Lösungen geben, das herauszufinden – ich habe hier nur eine vorgeschlagen. So allgemein, wie die Hypothese oben formuliert war, funktioniert sie aber noch nicht. Was haben wir verändert?

Wir haben genau gesagt, *was* gemessen wird: Hier soll gemessen werden, wie oft Videos geteilt und geliked … (und ggf. weitere Parameter) werden, in denen ein Gesicht zu sehen ist – im Vergleich zu Videos, in denen kein Gesicht zu sehen ist.

Das werden Sie in Ihrer Analyse also messen müssen. Dazu werden Sie sich überlegen, wie viele Kanäle Sie in Ihrer Untersuchungszeit z. B. täglich besuchen. Dann können Sie täglich auf jedem Kanal auswerten und in Excel eintragen: Wie viele neue Videos sind erschienen? Wie viele davon hatten ein Gesicht? Wie viele nicht? Wie oft wurden die einen bzw. die anderen Videos geliked, geteilt, kommentiert …. Sie sehen: Das ist klar abzählbar, messbar, also quantitativ überprüfbar.

Wir haben oben noch das Wort „im Mittel" eingefügt. Das heißt, dass Sie in der Auswertung später schauen können, wie viele Likes, Kommentare etc. Videos mit bzw. ohne Gesicht bekommen haben, indem Sie **Mittelwerte** bilden.

Crashkurs „Mittelwert-Bilden"

Einen Mittelwert, z. B. für die Anzahl von Likes, bilden Sie, indem Sie die Anzahl Likes für alle „Videos mit Gesicht" addieren (am ersten Tag hatten Sie z. B. auf allen untersuchten Kanälen 10 neue Videos gefunden und insgesamt 100 Likes notiert, am zweiten Tag gab es auf allen Kanälen insgesamt 5 Videos und 20 Likes … Sie addieren dann alle Likes zusammen, 100 + 20 + … die Likes aller folgenden Untersuchungstage).

Als nächstes müssen Sie diese Gesamtzahl aller Likes, die sogenannte Summe aller Likes, durch die Anzahl aller untersuchten Videos teilen (im Beispiel hier wären das also 10 Videos + 5 Videos + …. alle Videos, die Sie im Untersuchungszeitraum gemessen haben).

Den Mittelwert bekommen Sie dann, indem Sie die Summe aller Likes durch die Summe aller Videos teilen:

Mittelwert (= die mittlere Anzahl von Likes pro Video mit Gesicht) = *Summe aller Likes für Videos mit Gesicht im Untersuchungszeitraum/Summe aller Videos mit Gesicht im Untersuchungszeitraum*

Das Ergebnis ist dann eine Zahl. Zum Beispiel 40. Das heißt dann: Manche Videos haben 100 Likes bekommen, manche 20, aber: Im Mittel haben Videos mit Gesicht 40 Likes bekommen.

Dasselbe tun Sie mit den „Videos ohne Gesicht". Dann können Sie die beiden Mittelwerte vergleichen. Abschließend wird man sehen, ob der Mittelwert der einen Seite oder der der anderen Seite größer ist und ob sich also Ihre Hypothese bestätigt hat oder widerlegt wurde. Vielleicht geht es auch knapp aus, die einen bekommen im Mittel 40 Likes, die anderen 45 oder ähnlich. Dann sollten Sie das Ergebnis sehr kritisch diskutieren.

Wer statistisch fortgeschritten ist, kann noch die Signifikanz der Ergebnisse ausrechnen. Mein Buch kann Ihnen hier sicher keine ausreichende Grundlage geben – bitte lesen Sie dazu ein Buch begleitend zu statistischen Auswertungen von Forschungsdaten. Sprechen Sie bitte auch mit Ihrem Betreuer oder Ihrer Betreuerin, wie diese sich wünschen, dass Sie die Messwerte auswerten.

Sie sollten aber in jedem Fall abschließend auch diskutieren, wie gut Ihre Messwerte sind. Möglicherweise haben Sie über einen Untersuchungszeitraum von 3 Wochen immer die 10 gleichen Kanäle zur selben Zeit besucht. Aber haben die Kanäle auch zu ähnlichen Zeiten Ihre Videos gepostet? Hat ein Kanal vielleicht jedes Mal mehr Likes, weil die Videos 2 h früher erscheinen als bei einem anderen Kanal? Haben sie das berücksichtigt? Überlegen Sie also idealerweise lieber gleich im Vorneherein: Wie gehen Sie damit um? Vielleicht werten Sie immer die Likes erst einen Tag später aus – sodass für jedes Video genug Stunden vergehen, um eine faire und repräsentative Zahl von Likes zu erhalten. Diese und weitere Aspekte, die Ihnen einfallen, müssen Sie im Mittelteil Ihrer Arbeit, bei der Beschreibung Ihrer verwendeten Methode, diskutieren und Ihre Lösung vorstellen und motivieren.

Wir merken uns nochmals: Definieren Sie, was Sie mit weichen Begriffen in Ihren Hypothesen, wie hier z. B. „Erfolg", genau meinen. Seien Sie in Ihrer Hypothese spezifisch und klar, bezüglich dessen, was Sie messen wollen.

Ihre Hypothesen korrekt diskutieren

An dieser Stelle möchte ich kurz erwähnen, dass in der Wissenschaft das „Verifizieren" von Hypothesen, also das „Beweisen" einer Hypothese, nicht möglich ist. Sicher haben Sie bereits von dem Wissenschaftsphilosophen Karl Popper gehört. Entlang seiner Argumentation ist es in der Wissenschaft prinzipiell nicht möglich, Theorien oder Hypothesen zu *belegen*.

Hypothesen – er spricht von „Theorien", aber wir können das auf Hypothesen übertragen – können immer nur *wahrscheinlicher* gemacht – oder *widerlegt* werden, nicht aber bewiesen. Schon ein einziges Gegenbeispiel zu einer Theorie kann diese widerlegen, aber keine noch so große Anzahl von Beweisen kann sie je beweisen.

Wir machen uns das Ganze an einem bekannten Beispiel nochmal klar. Das berühmteste Beispiel hier sind „Die Schwäne". Wenn eine Theorie oder eine Hypothese lautet: „Es gibt nur weiße Schwäne" – dann ist es kein Beweis, wenn ich eine noch so große Anzahl von weißen Schwänen anschleppe. Wohl aber ein Gegenbeweis, wenn ich nur einen einzigen schwarzen Schwan finde. Ich kann also diese Theorie oder Hypothese nicht *beweisen*, egal mit wie vielen weißen Schwänen – ich kann sie nur *widerlegen*, indem ich ein Gegenbeispiel finde.

Ich reite so darauf herum, weil ich möchte, dass Sie in Ihrer Arbeit korrekt über Ihre Hypothesen sprechen.

Hypothesen können also nicht be-legt, aber wider-legt werden. Wenn man Hypothesen also im Rahmen einer Bachelor- oder Masterarbeit bestätigt, soll heißen: Wenn alle Ihre Daten mit Ihrer Hypothese übereinstimmen, … dann sollte man trotzdem bitte vorsichtig formulieren und etwas sagen wie:

„Im Rahmen meiner Untersuchung hat sich Hypothese 1 bestätigt."
Das ist eine hilfreiche und korrekte und wissenschaftliche Formulierung. Damit sagen Sie nicht, dass Ihre Hypothese in allen Zusammenhängen wahr sein muss. Nur, dass sie im Rahmen Ihrer Arbeit und Untersuchung so zugetroffen hat. Ungünstig bis falsch wäre zu sagen:

„Meine Hypothese konnte bewiesen werden."
Von dieser Formulierung rate ich ab. Denken Sie immer an „Alle Schwäne sind weiß." Das konnte man auch nicht „beweisen". Aber im Rahmen einer Untersuchung könnte sich diese Hypothese so bestätigen lassen. Bestätigt heißt nicht bewiesen.

Ihre Arbeit wird an diesem Punkt nicht scheitern – aber es ist ja ganz leicht, auf eine geschickte und korrekte Formulierung zu achten.

Hypothesen-FAQ

Hier abschließend noch ein paar Frequently Asked Questions.

Wie viele Hypothesen soll ich formulieren?
Circa 3 Hypothesen zu formulieren, hat sich als sinnvoll erwiesen. Ich habe schon Arbeiten mit 10 oder mehr Hypothesen gesehen – das war nie eine gute Idee. Die Hypothesen sind dann oft schwach oder beliebig, nicht relevant und werden auch nicht genügend diskutiert. Ich rate also davon ab. Lieber drei gut wissenschaftlich konkretisierbare Hypothesen formulieren und diese nach Ihrer Untersuchung im Auswertungsteil gut auswerten und Ihre Antwort begründen – als zu viel zu wollen.

Wo schreibe ich die Hypothesen hin?
Sie diskutieren sie an zwei Stellen. Nach der Einleitung, wenn Sie die Hypothesen formulieren – da begründen Sie aus der Einleitung heraus, warum Sie diese Hypothesen so aufstellen. Und einmal am Ende, wenn Sie nach dem Methodenteil diskutieren, ob sich Ihre Hypothesen nun eher bestätigt haben, oder ob Sie sie widerlegt haben.

Wie lang muss die Diskussion der Hypothesen sein?
Ich denke, ein gutes Maß ist im Allgemeinen maximal eine halbe Seite pro Hypothese in der Einleitung. In der Diskussion am Ende sollten Sie Ihre Hypothesen dann ausführlicher diskutieren – hier können pro Hypothese auch mal mehrere Seiten Diskussion verfasst werden. So meine Empfehlung als über den Daumen gepeilter Wert. Im Einzelfall wird man das jeweils anpassen müssen.

Hypothesen-Finder: Konkrete Anleitung

Wie finde ich meine Hypothesen? Das fragen mich Studierende sehr oft. Wir haben oben über induktive und deduktive Vorgehensweisen gesprochen.
    Das Ziel dieses Kapitels ist es, dass wir gemeinsam ganz konkret 3 Hypothesen für Ihre Arbeit formulieren.

Die Hypothesen ergeben sich aus Ihrer Literaturrecherche oder aus Ihrer vergleichenden Analyse, was immer Grundlage Ihrer Einleitung ist, das hatten wir oben erwähnt. **Nochmal auf den Punkt: Die Hypothesen ergeben sich aus Ihrer Einleitung.**

Nachdem Sie die Einleitung zu Ihrer Arbeit geschrieben haben, die etwa ein Drittel der meisten Bachelor- und Masterarbeiten ausmacht, sollten Sie ca. 3 Hypothesen formulieren, die sich als Ergebnis Ihrer Einleitung motivieren lassen. Anders gesagt: Wenn Hypothesen an dieser Stelle einfach vom Himmel fallen oder unklar ist, wie Sie darauf kommen, wenn die Hypothesen nichts oder wenig mit der Einleitung zu tun haben oder Themen darin vorkommen, die nicht in der Einleitung vorkommen, dann führt das im Allgemeinen zu einem Abzug.

„Muss ich also erst die ganze Einleitung schreiben, um die Hypothesen abzuleiten?" Könnten Sie fragen. Nein, Sie können es auch andersrum machen! Sie können erst Hypothesen aufstellen und dann Ihre Einleitung darauf abstimmen. Wir wollen es mit diesem Buch sogar genau so machen. Denn dann können Sie mit mir genau jetzt über Ihre Hypothesen nachdenken und dann später die Einleitung so schreiben, dass sie passt. Los geht's.

Unser Ziel in diesem Kapitel ist es, 3 Hypothesen aufzustellen. Es sollen 3 kompakte knappe Aussagen sein, die man in Ihrem Gebiet guten Gewissens annehmen könnte. Ich gebe ein Beispiel, wie Sie vorgehen können. Nehmen Sie mal an, Ihr Thema wäre:

Wie muss ein Unternehmen Instagram nutzen, um schnell mehr Follower zu bekommen?

Fragen Sie sich als nächstes, was denn als Antwort auf diese Frage herauskommen könnte. Lassen Sie uns brainstormen. Erfolg auf Instagram könnte etwas zu tun haben

- mit der Anzahl von Posts pro Tag. Oder
- mit der Regelmäßigkeit der Postings. Vielleicht auch
- mit dem Humor-Faktor. Oder vielleicht
- mit dem Design.

…

Diese Liste könnten Sie fortsetzen. Aus genau diesem Brainstorming bauen wir jetzt mal Hypothesen. Ich mache ein paar Vorschläge.

- **H1**: Wer 3 mal am Tag postet, ist erfolgreicher als die, die seltener posten.
- **H2**: Wer jeden Tag etwas postet, ist erfolgreicher als die, die seltener posten.
- **H3**: Kanäle mit mehr humorvollen Beiträgen sind erfolgreicher als andere.
- **H4**: Einheitliches Design führt zu mehr Followern.

Lassen Sie uns anschauen, warum diese Hypothesen so OK wären. H1 bringt eine konkrete Zahl ins Spiel. Das ist von Vorteil, denn da können Sie konkret etwas messen. Jetzt wissen Sie auch, dass Sie diese Kategorie in Ihrer Untersuchung auf jeden Fall messen müssen. Bei der Diskussion von H1 nach Ihrer Untersuchung, können Sie sagen, ob Ihre Untersuchung die Hypothese bestätigt hat oder nicht. Sie müssen dann aber unbedingt auch Kreuz-Korrelationen diskutieren. Lag der „Erfolg" wirklich an der Anzahl der Posts? Oder waren Unternehmen auf Instagram immer dann erfolgreich, wenn Sie sehr humorvoll gepostet haben? Das werden Sie in Ihren Daten anschauen und dann diskutieren müssen. Als Hypothese ist H1 aber ein guter Start.

Über H2 kann ich ähnliches sagen. Die Hypothese ist messbar und klar.

Bei H3 müssen Sie in Ihrer Einleitung diskutieren, was „Humor" ist, was für Sie „humorvolle Beiträge" sind und wie Sie diese in Ihrer Arbeit identifizieren und klassifizieren. Das ist nicht ganz einfach, aber eine schöne Aufgabe.

Was lernen wir hieraus: Begriffe, die in Ihren Hypothesen auftauchen, müssen Sie ganz sauber definieren. Dasselbe gilt für H4: auch hier muss genau definiert werden, was mit „einheitlichem Design" gemeint ist. Wenn das klar wird, können Sie H4 so verwenden. Wenn Sie hingegen „einheitliches Design" nicht genau definieren, ist H4 ein perfektes Beispiel für eine Stolperfalle, wie sie mir sehr oft begegnet ist.

Fazit: Hypothesen sind Sätze mit klar messbaren knappen und wohldefinierten Aussagen. Wenn Sie Begriffe wie „Humor", „einheitlich" o. ä. verwenden, die nicht eindeutig definiert sind, müssen Sie diese in Ihrer Einleitung klar definieren, damit die Hypothese funktioniert.

Teepause Hypothesen finden – vom möglichen Ziel denken

Fragen Sie sich, was bei Ihrer Arbeit herauskommen könnte. Wenn Sie Ihre Frage betrachten und überlegen, was Sie untersuchen werden: Was könnte das Ergebnis sein? Nehmen Sie ein Blatt Papier und versuchen Sie mal, eine Checkliste wie oben in diesem Kapitel zu erstellen. Von was könnte Ihre Antwort abhängen? Was könnte herauskommen?

Ich gebe Ihnen noch ein paar Beispiele zu Ihrer Inspiration.

Wir hatten das Thema „TikTok für Lokalzeitungen" erwähnt. Hier könnte herauskommen, dass nur Zeitungen, die technisch saubere Videos posten, erfolgreich sind, dass außerdem ein wiederkehrendes Element oder eine wiederkehrende Person zum Erfolg führt, dass Humor wichtig oder unwichtig ist, dass regelmäßige News nützlich sind und gemocht werden… und vieles mehr.

Wir hatten auch das Thema „schwarze Romantik" vs. „Romantik" erwähnt. Hier könnte herauskommen, dass nur Werke von Eichendorff das Kriterium der „schwarzen Romantik" erfüllen. Oder nur Werke um 1900. Oder nur Werke, bei denen eine Liebesgeschichte tragisch ausgeht…

Wir hatten auch das Thema „Typographie auf Magazincovern für Frauen" erwähnt. Hier könnte herauskommen, dass bestimmte Schriftarten exklusiv für Frauenmagazine verwendet werden. Welche könnten das sein? Können Sie sich Schriften vorstellen, die nie auf Magazincovern vorkommen? Gibt es bestimmte Farben oder Farbkombinationen, die sofort mit einem Frauenmagazin assoziiert werden könnten? Was könnte noch herauskommen?

Wir denken an weitere Themen. Stellen Sie sich vor, Sie untersuchen die erfolgreichsten Genres von Fantasy-Romanen der letzten 5 Jahre. Was könnte herauskommen? Vielleicht ist Urban Fantasy das erfolgreichste Genre. Vielleicht Romantasy. Vielleicht ist die Kombination aus den beiden das erfolgreichste. Vielleicht sind Stories immer nur dann erfolgreich, wenn die Liebesgeschichte positiv ausgeht …?

Nachdem wir uns jetzt in die Stimmung versetzt und einige Vergleiche angesehen haben, kommen wir zu Ihrer Arbeit. Gleich setzen wir unsere Teepause fort und formulieren Ihre eigenen Hypothesen.

Ihr persönlicher Hypothesen-Finder

In diesem Kapitel finden wir iterativ, also Schritt für Schritt in immer gleicher Weise vorgehend, Ihre Hypothesen. Dazu setzen wir unsere Teepause aus dem vorangehenden Abschnitt fort.

> **Teepause Hypothesen finden – Aspekte**
>
>
>
> Wie lautet nochmal Ihre Frage oder Ihr Thema genau? Schreiben Sie es sich oben auf eine Seite. Überlegen Sie dann: Wie könnte eine mögliche Antwort oder ein Ergebnis lauten? Welche Aspekte könnten zu Ihrer Antwort oder Ihrem Ergebnis beitragen? Wann käme bei Ihnen möglicherweise was genau heraus? Erstellen Sie eine Liste von Punkten, die Ihnen dazu in den Sinn kommen. Versuchen Sie, mindestens 3 Punkte auf diese Liste zu setzen.
>
> Haben Sie 3 Punkte gefunden, von denen die Antwort auf Ihre Forschungsfrage oder Ihr Ergebnis im Prinzip abhängen könnte? 3 Dinge, die als Ergebnis Ihrer Bachelor- oder Masterarbeit herauskommen könnten?
>
> Dann gehen wir im nächsten Schritt diese Liste durch und versuchen, daraus messbare Hypothesen zu formulieren. Denken Sie dran: Kurze und knappe Sätze mit klaren wohldefinierten Begriffen.
>
> Schauen wir uns den ersten Punkt auf Ihrer Liste an. Wie könnte ein knapper Satz zum ersten Punkt auf Ihrer Liste lauten? Ein Aussagesatz, der idealerweise auch eine messbare Größe beinhaltet. Eine Behauptung. Etwas wie: „Nur, wenn…" oder „Immer, wenn…" oder „Dies und jenes trifft zu, wenn …". Oder „Man kann dann …, wenn…".
>
> Haben Sie einen Satz aufgeschrieben? Gut. Fragen Sie sich jetzt: Ist mein Satz kurz genug? Sind alle Begriffe in meiner Aussage klar und eindeutig verständlich und definiert? Oder tauchen Begriffe auf, die manche Menschen so und andere anders verstehen könnten? Muss ich also hier einen oder mehrere Begriffe später in meiner Einleitung, wenn ich mit dem Schreiben beginne, extra gut diskutieren und definieren? Das ist in Ordnung. Unterstreichen Sie diese Begriffe und schreiben Sie sich auf, dass hierzu in der Einleitung ein Unterkapitel entstehen muss.

> Jetzt kommt die Iteration: Gehen Sie zurück zur obigen Zwischenüberschrift „Wir formulieren Ihre Hypothesen". Tun Sie dasselbe für Punkt 2 und Punkt 3 auf Ihrer Liste. Wenn Sie auf diese Weise zu 3 hinreichend unterschiedlichen Aussagen kommen, die messbar und klar sind, haben Sie drei Hypothesen gefunden.

Wenn Sie schließlich ca. 3 Hypothesen gefunden haben (oder ein paar mehr, aber im Normalfall nicht zu viele), schreiben Sie sich diese gut auf. Jetzt wissen Sie auch, was in Ihrer Einleitung vorkommen soll: Nämlich genau der Inhalt, der Ihre Hypothesen vorbereitet. Kommt in Ihrer Hypothese ein Begriff vor, der definiert werden muss? Prima, dann können Sie in der Einleitung darüber schreiben und Vergleiche aus der Branche oder dem Thema heranziehen, den Begriff ggf. auch historisch betrachten und einordnen und dann klipp und klar definieren und von anderen, ähnlichen Themen oder Begriffen abgrenzen.

Jetzt wissen Sie auch, was Sie mit Ihrer Methode untersuchen müssen: Nämlich genau, ob Ihre Hypothesen sich bestätigen oder widerlegt werden können.

Ist das schon das ganze Geheimnis und alles, was man über Hypothesenfindung im wissenschaftlichen Arbeiten sagen könnte?
Sie ahnen es: Natürlich nicht. Aber wenn Sie die Hypothesen so finden, wie ich es Ihnen oben beschreibe, wenn Sie sie so formulieren wie oben und die Einleitung darauf abstimmen, wenn Sie dann außerdem im Auswertungsteil Ihrer Arbeit wieder auf die Hypothesen zurückkommen und diese diskutieren – dann sind Sie definitiv auf einem sehr guten Weg!

Sind die Hypothesen jetzt in Stein gemeißelt?
Nein, im Gegenteil. Wenn Sie Ihre Einleitung schreiben oder auch, wenn Sie Ihre Untersuchung durchführen, kann es gut sein, dass aus Ihrer Literaturrecherche herauskommt, dass Ihre Hypothese längst bekannt und widerlegt ist, zum Beispiel. Oder aus Ihrer Untersuchung kommt heraus, dass die Hypothese gar nicht messbar ist. Sie dürfen dann nochmal zurückgehen und die Hypothesen überarbeiten.

Man soll natürlich aufpassen, dass die Arbeit wissenschaftlich bleibt. Sie wollen nicht am Ende bestätigen, was Sie schon die ganze Zeit über vermuten. Ich denke aber, dass das inzwischen allen Lesenden hier klar ist. Sie sollen nur wissen: Hypothesen darf man auch nochmal anpassen. Wann das sinnvoll ist und wie es geht, finden Sie im nächsten Kapitel, wo wir dann auch über Ihre Einleitung sprechen, also etwa das erste Drittel Ihrer Bachelor- oder Masterarbeit.

Weiterführende Literatur

Benninghaus, H. (2007). *Deskriptive Statistik: Eine Einführung für Sozialwissenschaftler (Studienskripten zur Soziologie)*. VS Verlag.

Forschungsmethoden und Evaluation in den Sozial- und Humanwissenschaften (5. Aufl.), January 2016. Springer. https://doi.org/10.1007/978-3-642-41089-5. 978-3-642-41088-8.

5
Schritt 4: Ihre Einleitung planen

Inhaltsverzeichnis

Vorab Extra-Infos für die Masterarbeit	107
Was schreibe ich bloß? Über Forschungsfrage und Hypothesen	107
Woher bekomme ich die Informationen?	111
Darf ich Wikipedia nutzen?	113
Plagiat vermeiden	115
Plagiat-FAQ/Richtig zitieren	115
Ihre Forschungsfrage motivieren	118
Ihre Hypothesen motivieren	119
Wie formuliere ich richtig? Ich, wir, man…?	121
Baukasten für den ersten Absatz Ihrer Einleitung	121
Weiterführende Literatur	123

Hier hatte ich zu Midjourney gesagt: Draw a book which has come alive and which introduces the reader to its content. Wie Sie das in Ihrer Arbeit machen können, besprechen wir nun.

In diesem Kapitel bereite ich Sie darauf vor, Ihre Einleitung zu schreiben – wir legen aber noch nicht los. Es braucht diese Vorbereitung, um in Schritt 5 Ihr Exposé zu schreiben – das wird der erste Text sein, den Sie parallel zu meinem Buch schreiben können, wenn Sie meiner Empfehlung folgen.

Warum brauchen Sie ein Exposé? An manchen Hochschulen, Universitäten oder Einrichtungen wird es bei der Anmeldung verpflichtend gefordert. Bei anderen nicht. In jedem Fall empfehle ich es aber unbedingt. Es ist eine ca. dreiseitige Übersicht Ihres Forschungsvorhabens. Was Sie tun wollen und wie. Es hilft Ihnen und Ihrem Betreuer oder Ihrer Betreuerin, um am Anfang genau zu planen, was Sie tun werden.

Daher lassen Sie uns diese drei Exposé-Seiten gut vorbereiten und begleiten Sie mich vorbereitend in Schritt 4 hinein: In die Planung Ihrer Einleitung. Wir fragen uns: Was kommt in die Einleitung einer Bachelor- oder Masterarbeit überhaupt hinein? Wie wird sie geschrieben? Und wie formuliere ich ganz konkret die ersten Sätze? Los geht's!

Vorab Extra-Infos für die Masterarbeit

Auch Sie müssen eine Einleitung schreiben, liebe Masteranden und Masterandinnen. Daher dürfen Sie getrost der unterstützenden Anleitung in diesem Schritt folgen.

Allerdings möchte ich Sie darauf aufmerksam machen, dass Sie deutlich mehr Literatur werden auswerten müssen. Ich habe es in vorangegangenen Vorab-Info-Abschnitten immer wieder erwähnt. Steter Tropfen… Sie wissen schon.

Wenn unten also beispielsweise gesagt wird, man solle ca. 3 Quellen suchen – dann dürfen Sie das getrost mindestens mit 3 multiplizieren. Sie brauchen mehr Quellen und sie brauchen auch gute Quellen – bekannte und zitierte Quellen. Sie haben durch Ihr Studium einen besseren Überblick und können die Quellen besser einschätzen – das erwartet man jetzt auch von Ihnen! Da also bitte mehr Zeit investieren.

Was schreibe ich bloß? Über Forschungsfrage und Hypothesen

Die Einleitung in Ihre Bachelor- oder Masterarbeit umfasst nach meiner Erfahrung ca. ein Drittel der Gesamtseitenzahl. Manchmal etwas mehr. Selten weniger. Ich habe auch Arbeiten gesehen, die zur Hälfte oder mehr aus Einleitung bestanden – das halte ich jedoch im Allgemeinen nicht für zielführend. Sie wollen ja auch genügend Zeit haben, ausführlich Ihre Hypothesen zu motivieren, Ihre Methode zu beschreiben und zu begründen, die Durchführung zu beschreiben, die Daten zu visualisieren, die Diskussion durchzuführen, die Hypothesen auszuwerten … und das Fazit zu schreiben. Meine Empfehlung daher:

- **Erstes Drittel**: Einleitung
- **Ein paar Seiten:** Hypothesen motivieren und formulieren
- **Zweites Drittel**: Methode erklären und Ergebnisse visualisieren

- **Drittes Drittel:** Diskussion, Auswertung der Hypothesen
- **Letzte Seiten:** Fazit und Ausblick

Diskussion und Fazit können auch zusammen das dritte Drittel ausmachen. Hier ist natürlich Spielraum. Manchmal wird, wie gesagt, die Einleitung etwas länger. Manchmal der Methodenteil.

Oft ist die Diskussion zu kurz. Das ist dann eher schlecht. Nehmen Sie sich dafür Zeit. Diskutieren Sie dort Ihre Ergebnisse. Schauen Sie auch rückblickend kritisch auf Ihre Methode, Ihre Durchführung, Ihre Stichprobe, Ihre Ergebnisse. Überlegen Sie, was man hätte besser machen können. Diese kritische Reflexion wird sehr geschätzt und trägt zur Wissenschaftlichkeit bei.

Nehmen Sie sich Zeit für einen Ausblick. Wo könnte man weiterforschen? Was bedeuten Ihre Ergebnisse? Was lernt man daraus?

Tipp: Bitte im Mittelteil, in dem Sie Ihre Daten visualisieren und aufbereiten, nicht alles nur in Textform schreiben. In Schritt 9 sprechen wir nochmal genauer darüber.

Und auch beachten: nicht zu viel Weißraum zwischen Kapiteln lassen. Ihr Betreuer oder Ihre Betreuerin wird merken, wenn Sie nur Raum füllen wollen. Schreiben Sie lieber, was Sie sich überlegt haben, was Ihre Erkenntnisse waren, definieren Sie Ihre Begriffe gut… es gibt genug zu sagen.

Und was muss nun rein in die Einleitung? Im Großen und Ganzen sind es drei große Teile:

- **Definitionen:** Eine sehr gute (ggf. historische, vergleichende, aktuelle …) Einführung in jeden Begriff, der in Ihrem Thema, bzw. Ihrer Forschungsfrage vorkommt.

- **Vorbereitung der Hypothesen**: Eine Einführung in alle Begriffe und Themen, die in Ihren Hypothesen vorkommen. Motivation der Hypothesen.
- **Ihre Hypothesen**: Diese werden dann am Ende der Einleitung explizit formuliert.

Schauen wir uns dazu ein Beispiel an.

Nehmen wir an, Ihr Thema lautet:

„TikTok als Marketingtool für Lokalzeitungen"
Hier haben wir 3 Begriffe, die es zu erläutern und zu definieren gibt: **TikTok**, **Marketing** und **Zeitung**.

Sie müssen also in der Einleitung etwas über **Marketing** schreiben. Sie können hier etwas tiefer gehen und konkret über Online-Marketing schreiben. Schreiben Sie dabei nicht zu viel, was zu weit in der Vergangenheit liegt. Ein kurzer historischer Abriss, und dann schreiben Sie über aktuelle Methoden des Online-Marketings. Werden Sie dabei immer konkreter. Vom Allgemeinen zum Speziellen. Ein kurzer Abschnitt als Überblick über alle möglichen Methoden. Dann ein paar vertiefende Abschnitte über Methoden, die irgendwie mit TikTok verwandt sind.

In der Einleitung brauchen Sie auch einen Abschnitt, der über **Zeitungen** spricht. Kurz die Historie, dann aktueller Stand und aktuelle Herausforderungen. Schauen Sie dabei immer, dass Sie möglichst aktuelle Literatur (Bücher und Publikationen) heranziehen, wenn Sie zitieren. Und nicht auf alte Ausgaben oder 15+ Jahre alte Bücher verweisen. Andere Forschungsgebiete sind möglicherweise weniger schnelllebig, achten Sie darauf, dass Sie aus Werken zitieren, die noch Gültigkeit oder Relevanz für Ihre Arbeit besitzen.

Und nicht zuletzt brauchen Sie einen Abschnitt über **TikTok**. Da dies das aktuellste Thema ist, wird es ggf. weniger Fachliteratur geben und dafür mehr Forschungsliteratur in Journals oder Online.

Dann schauen Sie noch auf Ihre **Hypothesen**. Welche Begriffe kommen dort vor? Welche Themen müssen Sie vorbereiten, um Ihre Hypothesen zu motivieren? Auch diese Themen brauchen entsprechende Abschnitte.

Ist das nicht alles etwas viel? Im Gegenteil: Es ist eher hilfreich! Jetzt wissen Sie genau, was Sie in die Einleitung schreiben müssen. Das Schlimmste ist doch, wenn Sie vor dem weißen Papier sitzen und nicht wissen, was Sie schreiben sollen. Das wird Ihnen jetzt hoffentlich nicht mehr passieren. Denn jetzt planen Sie Ihre Arbeit gemeinsam mit mir ganz konkret.

> **Teepause Einleitung – fünf Tipps**
>
>
>
> Gehen Sie gemeinsam mit mir diese Schritte durch. Nehmen Sie einen Zettel und einen Stift oder ein digitales Dokument und schreiben Sie für sich konkret auf:
> 1. Wie viele Seiten sind ca. ein Drittel Ihrer Arbeit?
> 2. Schreiben Sie in eine kurze Liste, welche Themen in Ihre Einleitung kommen müssen (entweder, weil Sie im Titel Ihrer Arbeit vorkommen oder in den Hypothesen).
> 3. Rechnen Sie aus, wie viele Seiten welches Thema auf Ihrer Liste von der errechneten Gesamtanzahl in Nr. 1 oben bekommen soll.
> 4. Schreiben Sie diese Seitenzahl hinter die Themen auf Ihrer Liste. So erstellen Sie sich ein erstes grobes Inhaltsverzeichnis.
> 5. Halten Sie sich in etwa an diesen Seitenumfang.

Schauen Sie, jetzt sind Sie ein großes Stück weiter! Die Einleitung liegt nicht mehr wie ein unbekannter Berg vor Ihnen, sondern Sie haben sich Etappen notiert. *Divide and conquer* heißt diese Strategie. Berge einteilen in einzelne Camps – so ersteigen Sie Ihre Arbeit Schritt für Schritt. Jetzt fragen Sie sich aber sicher: Und woher bekomme ich jetzt alle die Informationen für meine Abschnitte in der Einleitung?

Woher bekomme ich die Informationen?

Sie haben Ihre Einleitung jetzt idealerweise in Ihre Themen und die zugehörigen Abschnitte mit groben Seitenzahlen unterteilt. Wenn nicht, bitte gerade nochmal zur Teepause im vorangehenden Abschnitt gehen.

So weit so gut. Nur, woher bekommen Sie nun die Informationen zu diesen Themen? Schreiben Sie einfach selbst aus dem Bauch heraus über diese Themen? Oder reihen Sie Zitate aus der Literatur aneinander? Ist das dann nicht Plagiat?

Mein Tipp: Verwenden Sie erstmal eine gute Bibliothekssuche und schauen Sie, was diese an Literatur für Sie hergibt (ich empfehle natürlich insbesondere SpringerLink, falls es das in Ihrer Bibliothek gibt, weil es sehr groß und sehr detailliert und aktuell ist). Sehr empfehlenswert für die Quellensuche ist übrigens auch Google Scholar. Versuchen Sie es – Sie werden überrascht sein, wie viel spannendes Material Sie dort finden.

Jetzt empfehle ich, auf jeden Fall ein digitales Dokument zu öffnen, denn jetzt werden wir anfangen, die Einleitung konkret zu planen, und dann können Sie später vieles mit copy und paste übernehmen. Schreiben Sie Ihre Themen mit geplanten Seitenzahlen in der korrekten Reihenfolge als Liste dort hinein.

Suchen Sie nun, wenn irgend möglich, zu jedem Ihrer Themen auf Ihrer Liste mindestens 3 Bücher heraus und idealerweise auch mindestens 3 Forschungspublikationen (Artikel aus Journals); wenn möglich, natürlich gerne mehr. Schauen Sie in diese Bücher und Artikel rein. Machen Sie sich Notizen. Notieren Sie wichtige Begriffe oder Unterthemen, die Sie in Ihrer Einleitung im Abschnitt eines jeweiligen Themas bringen und definieren müssen. Schreiben Sie Seitenzahlen dazu, wo Sie diese Inhalte gefunden haben, damit Sie diese später schneller wiederfinden und zitieren können.

Erstellen Sie eine Reihenfolge: Was wollen Sie in welcher Reihenfolge zum Thema sagen? Bezüglich der Reihenfolge können Sie sich sehr gut aus Büchern inspirieren lassen.

Kopieren Sie sich auch einige wichtige Abschnitte aus den Büchern (Achtung, immer dazuschreiben, woher Sie den Abschnitt haben!) und fügen Sie die Abschnitte (natürlich mit korrektem Zitat, sonst ist es Plagiat!) in Ihren späteren Text ein.

Jetzt haben Sie drei Dinge zur Hand:

- **Nr. 1** Sie wissen, welche **Themen** in Ihrer Einleitung vorkommen müssen (nämlich auf Basis der Begriffe in Ihrer Forschungsfrage/Ihrem Thema und auf Basis der Begriffe in Ihren Hypothesen). Sie haben sich eine Reihenfolge erstellt, in der Ihre Abschnitte in der Einleitung vorkommen sollen.
- **Nr. 2** Sie haben pro Thema **Quellen** notiert, aus denen Sie zitieren werden (mindestens 3 Bücher und idealerweise einige Forschungs-Publikationen (oder Online-Publikationen aus verlässlichen Quellen)). Beim Durchstöbern der Quellen haben Sie idealerweise eine Liste wichtiger Begriffe erstellt, die in dem jeweiligen Abschnitt vorkommen sollen.
- **Nr. 3** Inspiriert durch Ihre Quellen haben Sie diese Begriffe oder Unterthemen auch in eine gewisse Reihenfolge gebracht und ein paar Zitat-Abschnitte aus Büchern, mit Angabe der jeweiligen Quelle, für sich zusammenkopiert.

Klingt gut. Sie brauchen nochmal Bedenkzeit? Zeit für eine Teepause.

Teepause Einleitung – in drei Schritten zum Ziel

Gehen Sie die drei Schritte oben durch. Wahrscheinlich haben Sie bereits eine Liste der Begriffe für Ihre Einleitung aus Ihrer Forschungsfrage und Ihren

Hypothesen erstellt. Wenn nicht, nehmen Sie sich jetzt Zeit, diese Begriffe zusammenzustellen. Nach meiner Erfahrung handelt es sich im Schnitt um 4–6 Begriffe, die in Ihrer Einleitung beschrieben, diskutiert und definiert werden müssen.

Das könnten beispielsweise sein: Generation Z, Online-Marketing, Zeitungen, Soziale Medien, TikTok… oder ähnlich, abhängig von Ihrem Thema. Meine Empfehlung: Erstellen Sie Ihre eigene Liste in Word oder einem entsprechenden Programm.

Wenn Sie Ihre Liste haben: Schaffen Sie etwas Weißraum zwischen den Punkten auf Ihrer Liste. Drücken Sie ein paar Mal Enter. Jetzt ist Platz, um Informationen zu diesen Abschnitten zu sammeln.

Fügen Sie in diesen Raum nun jeweils mindestens drei Buchquellen zum Thema ein und mindestens drei Forschungs-Publikationen oder sonstige Quellen. Wenn Sie nicht so viele finden: Suchen Sie bitte trotzdem so intensiv wie möglich. Eine Arbeit wird wissenschaftlich, wenn man sie in die aktuelle Forschungsliteratur einbettet. Das geschieht genau hier und genau so. Verwenden Sie intensiv Ihre Bibliothekssuche, Springer Link oder Google Scholar und ähnliche Suchmaschinen.

Beim Durchsehen möglicher Quellen werden Ihnen Abschnitte begegnen, die Sie gut finden. Nehmen Sie diese mit copy und paste mit und fügen Sie sie in Ihre Liste in den Weißraum ein (jeweils unter genauer Quellenangabe, sonst können Sie sie später nicht verwenden).

Fügen Sie nicht zuletzt auch ein paar Stichpunkte zu jedem Thema in Ihrer Liste hinzu. Diese Stichpunkte helfen Ihnen, zu wissen, in welcher Reihenfolge Sie später über Elemente Ihres Themas sprechen möchten. Beispielsweise könnten das unter dem Themenpunkt „Soziale Medien" Stichpunkte sein wie „Zielgruppe, Reichweite, Engagement Rate, Facebook, Instagram, TikTok, …" also eine Reihe von Unterthemen mit einer Reihenfolge, in der Sie über diese Unterthemen im entsprechenden Abschnitt schreiben wollen.

Jetzt haben Sie eine Liste von Themen zusammen mit Quellen und Stichpunkten und ggf. einigen Zitaten gesammelt. Jetzt rechnen Sie noch aus, wie lange jeder Abschnitt in Ihrer Einleitung werden darf, damit die Gesamtsumme der Seiten der geplanten Länge Ihrer Einleitung entspricht (ca. 1/3 bis max. 1/2 der gesamten Arbeit) und schreiben die Seitenzahl hinter das jeweilige Thema. Und damit haben Sie dann einen sehr hilfreichen Fahrplan für Ihre eigene Einleitung und für sich erstellt.

Darf ich Wikipedia nutzen?

Achtung! Wikipedia ist keine wissenschaftliche Quelle. Sehr oft habe ich in Arbeiten Wikipedia als Quelle genannt gesehen. Davon rate ich dringend ab!

Sie können Wikipedia trotzdem nutzen. Lesen Sie dort, was zu Ihrem Thema oder den Unterthemen auf Ihrer Liste geschrieben ist. Nutzen Sie Wikipedia als Steinbruch, um wichtige Begriffe zu Ihrem Thema zu finden, über die Sie auch schreiben könnten.

Verschaffen Sie sich einen Überblick. Verwenden Sie aber niemals copy und paste aus Wikipedia, denn dies ist Plagiat. Verwenden Sie auch nicht copy und paste aus Wikipedia und geben Sie Wikipedia als Quelle an, denn Wikipedia ist keine wissenschaftliche Quelle, Ihre Bachelor- oder Masterarbeit soll aber wissenschaftlich sein.

Warum ist Wikipedia keine wissenschaftliche Quelle? Weil kein Peer-Review stattgefunden hat. Bei wissenschaftlichen Quellen, wie Fachpublikationen, Büchern etc., haben Menschen mit einem gesicherten Fachhintergrund das Buch/den Text geschrieben und im Normalfall andere Menschen mit Fachhintergrund den Text noch einmal kritisch gegengelesen. Das ist bei Wikipedia nicht der Fall. Hier kann jeder und jede mitschreiben. Das ist auch toll, und es gibt auch ein Kollektiv von Menschen, die hier gegenlesen und streichen und redigieren – dies müssen aber (ebenfalls) keine Menschen vom Fach sein – hier kann jeder und jede mitwirken. Das ist tolles Crowdsourcing – aber nicht wissenschaftlich.

Wie können Sie Wikipedia doch nutzen? Wenn Sie Sätze aus Wikipedia (oder auch einer anderen Quelle) selbst ganz neu formulieren und die Reihenfolge von Gedankengängen verändern (also Satz- und Wortreihenfolgen ändern), dann machen Sie aus einem Fremdtext einen eigenen (*Achtung Grauzone: hier muss wirklich genügend verändert werden – ein eigener Text bedarf immer einer eigenen gedanklichen Leistung*). Sie können Wikipedia daher auch nutzen, indem Sie Sätze selbst umschreiben und die Reihenfolge von Gedankengängen verändern und zu Ihren eigenen machen. Überprüfen Sie dabei aber, ob das, was Sie da (um-)schreiben, auch stimmt.

Dazu nutzen Sie folgenden hilfreichen Trick: Unten in Wikipedia können Sie nach den Quellen sehen, die dort angegeben und verwendet worden sind. Dies sind möglicherweise nützliche Quellen, die auch Sie einmal ansehen und ggf. angeben können.

Plagiat vermeiden

Ich habe oben in der Teepause bereits über das Thema Plagiat geschrieben, möchte dem aber hier nochmal einen eigenen Abschnitt widmen. Dazu stelle ich Ihnen eine Frage: Wozu suchen Sie eigentlich Quellen für Ihr Literaturverzeichnis Ihrer Arbeit?

Sie suchen sich Quellen, weil Sie eine wissenschaftliche Arbeit schreiben. Also keinen Roman, keine Prosa, kein Text, der aus Ihrem Inneren stammt – sondern ein Text, der aus akkreditierten, also anerkannten, Quellen bestätigt werden kann.

Die Einleitung Ihrer Arbeit soll also nicht nur von Ihnen formuliert sein. In Ihrer Einleitung sollen Sie möglichst oft belegen, dass die Sätze, die Sie formulieren, Ihre eigenen Gedanken also, entweder aus der Fachliteratur stammen (umformuliert oder exaktes Zitat) oder durch diese gestützt werden. Meist formulieren Sie die Sätze selbst (sonst wäre es Plagiat), Sie schreiben die Inhalte aus den Quellen oder aus Ihren Gedanken **in Ihren eigenen Worten auf**, aber Sie verweisen dann jeweils auch gleich wieder auf die Literatur, aus der diese Gedanken stammen, oder auf Forschungsliteratur, in der das genauso auch gesagt wird. Damit wird Ihre Arbeit wissenschaftlich.

Plagiat-FAQ/Richtig zitieren

Frage 1: Muss ich zu jedem Satz in meiner Einleitung eine Quelle angeben?
Eher nicht. Aber nach meiner Erfahrung schon tendenziell zu jedem Absatz oder jedem Unterkapitel – also immer dann, wenn Sie eine Aussage durch Fachliteratur stützen möchten. Es wird Sätze geben, die eher Füllsätze oder Umschreibungen sind. Da müssen Sie nicht jedes Mal erneut dieselbe Quelle angeben. Aber wenn ein Gedanke das erste Mal auftaucht, dann schon. Es sind also schon „viele" Quellenangaben, die in einer Einleitung vorkommen müssen.

Frage 2: Wie verhindere ich Plagiat?
Dazu gibt es drei wesentliche Vorgaben:

- Exakte Zitate, also copy und paste von Sätzen oder Absätzen, werden mit Anführungszeichen und der Quellenangabe direkt nach Zitatende gekennzeichnet.

- Paraphrasierte Zitate, also umformulierte Sätze oder Absätze, die aber noch sehr nah am Original sind, erhalten nirgends Anführungszeichen, aber trotzdem am Satzende die Quellenangabe.
- Wenn Sie Inhalte von Texten komplett in eigenen Worten und in eigenen Satzreihenfolgen neu formulieren, entsteht ein neues Werk. Dann müssen Sie nicht zitieren. Man kann sich das so merken: In der Physik gibt es unzählige Bücher mit dem Titel „Mechanik 1". Auf diesen Titel oder das Thema kann niemand Copyright erheben. Es ist Allgemeinwissen, zumindest in der Physik. Solange jeder Autor und jede Autorin das Wissen des Gebietes in eigenen Worten und eigener Reihenfolge der Gedanken aufschreibt, ist es zwar jedes Mal irgendwie derselbe Inhalt, aber durch die eigene Formulierung und Reihenfolge eben doch *neuer Content, neuer Inhalt*. Würde aber jemand die Worte eines oder einer anderen kopieren oder die genaue Reihenfolge von Gedankengängen übernehmen, wäre es Plagiat. Sie sehen also: Es ist eine Grauzone. Aber genau in diesem Sinne dürfen auch Sie mit Literatur umgehen, um Plagiat zu vermeiden.

Das heißt, dass Sie im Allgemeinen mit Quellen so umgehen werden, dass Sie **entweder exakt zitieren, paraphrasiert zitieren, oder selbst formulieren**. Bei den ersten beiden ist immer sofort am Satzende die Quelle anzugeben, bei letzterem nur, wenn Sie sehr eng am Text bleiben.

Frage 3: Was heißt nochmal „selbst formulieren"?
Sie sagen etwas, das in Ihrer Quelle steht, aber in eigenen Worten und Sätzen, in einer eigenen gedanklichen Reihenfolge. Am Ende eines Gedankenganges (oder am Anfang oder in der Mitte) geben Sie dann dennoch die entsprechende Quelle an, wenn Sie eng am Text der Quelle geblieben sind, sonst muss das nicht unbedingt sein (siehe das Mechanik 1-Beispiel oben).

Frage 4: Kann ich meine Einleitung schreiben, indem ich einfach nur wortwörtliche Zitate mit Quellenangaben aneinanderreihe?
Also: Im Prinzip wahrscheinlich ja... Ich denke aber nicht, dass sich daraus ein flüssiger Text ergeben würde. Vielmehr empfehle ich eine gute Mischung. 4/5 eigener Text, also selbst formulierte Gedanken aus Quellen (meist unter regelmäßiger Angabe der Quelle), und 1/5 exakte Zitate (so in etwa, Sie müssen das nicht ausrechnen, und es wird auch je nach Fachgebiet unterschiedlich sein).

Frage 5: Wie genau zitiere ich, und wie gebe ich die Quelle formal korrekt an?
Dazu wird jede Hochschule, Universität, Einrichtung oder Ihre Betreuenden eine eigene Meinung und ggf. eigene Vorgaben haben. Informieren Sie sich bitte auf der Website Ihres Studiengangs oder Ihrer Hochschule, oder sprechen Sie mit Ihren Betreuern oder Betreuerinnen. Ich gebe Ihnen hier ein Beispiel von vielen. Gerne können Sie dies nehmen – dann aber einheitlich in Ihrer gesamten Arbeit. Aber wie gesagt: Bitte mit Ihrer Universität, Hochschule oder Einrichtung klären.

Hier drei typische Beispiele nach der Harvard-Zitation:
1. Beispiel für ein **direktes Zitat:**
   - *Hervorzuheben ist ebenfalls, „dass man zwischen direkten und indirekten Zitaten konsequent und eindeutig unterscheidet" (Kornmeier, 2012, S. 279).*
   - Die Quelle steht hier also nicht in der Fußzeile, sondern direkt im Text. Alternativ gäbe es eine Zahl und eine Quelle ähnlicher Art in der Fußzeile.
2. Beispiel für ein **paraphrasiertes (indirektes) Zitat**, also ein Zitat, wobei Sie aber den Inhalt in eigenen Worten wiedergeben:
   - *In diesem Fall genügen in Klammern das Erscheinungsjahr und die Seite/n des Quellenverweises (vgl. Kornmeier, 2012, S. 282).*
   - Hier wird „vgl." (vergleiche) verwendet, um zu zeigen, dass Sie nicht wortwörtlich, sondern nur paraphrasiert zitiert haben.
3. Beispiel für eine **Literaturangabe im Anhang**:
   - ***Name, Vorname: Titel/Untertitel, (Auflage,) Ort, Jahr.***
   - **Konkret:** Andermann, Ulrich, Martin Drees & Frank Götz: *Wie verfasst man wissenschaftliche Arbeiten?* 3. Aufl., Dudenverlag, Mannheim, 2006.

Dieses Kapitel war ein sehr kompakter Schnellkurs als Einführung ins Thema Plagiat und wissenschaftliches Zitieren. Dieses kurze Kapitel kann nicht ersetzen, dass Sie sich an anderer Stelle in Ihrem Studium nochmal tiefergehend mit dem Thema beschäftigen oder beschäftigt haben oder sich ggf. nochmal die Unterlagen Ihres Studiengangs genauer ansehen. Zum Weiterlesen empfehle ich Ihnen das Unterkapitel „Wissenschaftliches Arbeiten im Überblick" im Schritt 7 und wer noch mehr wissen will, das folgende Buch von deGruyter.

Ihre Forschungsfrage motivieren

Sie haben Ihre Einleitung jetzt sehr gut geplant und wissen, was Sie in etwa schreiben werden und wie Sie Plagiat vermeiden und zitieren. Zum Ende der Einleitung muss Ihre Forschungsfrage abgeleitet und die Hypothesen formuliert werden. Dazu müssen Sie argumentieren, warum sich aus dem, was Sie eben geschrieben haben (aus Ihrer Einleitung), Ihre Forschungsfrage noch ergibt. Warum sich diese Frage (überhaupt) stellt.

Negativbeispiel:

Ich gebe Ihnen ein Negativbeispiel. Wenn Sie in Ihrer Einleitung über Soziale Medien und insbesondere TikTok geschrieben haben und erklärt haben, dass TikTok eine stark wachsende Plattform ist, dann wäre es schwer, zu erklären, warum Ihre Forschungsfrage lauten sollte: „Ist TikTok eine stark wachsende Plattform?" Zugegeben, das Beispiel ist nicht besonders inspiriert. Aber Sie sehen daran: Sie haben ja in der Einleitung gerade die Frage mit „ja" beantwortet. Also wäre eine solche Forschungsfrage rein rhetorischer Natur, die Antwort wäre schon klar.

Sie müssen also das Gegenteil tun. Sie müssen kompakt begründen, warum noch Raum für Ihre Frage ist und wie die Frage konkret lautet. Man nennt das: Ihre Forschungsfrage motivieren. Ich versuche ein Beispiel dafür im obigen Thema zu geben.

Zwar wächst TikTok aktuell sehr schnell, es ist aber bislang nicht klar, ob sich dieses Wachstum auf die Generation Z beschränkt, oder auch andere

Generationen erfasst werden. Ebenfalls unklar ist, ob TikTok in unterschiedlichen Ländern dieselben Zielgruppen erreicht. Daher wird in dieser Arbeit die Frage untersucht, wie die Altersverteilung der Nutzenden von TikTok aussieht, und dies insbesondere im Vergleich zwischen Deutschland und den USA.

Sie sehen: Hier ist die Antwort noch nicht sofort klar. Sie haben, angeknüpft an Ihre Einleitung, (in der es um Userzahlen und die Generation Z gegangen sein sollte), und dann aber gezeigt, wo noch Raum für Fragen ist. (Dieser Raum muss natürlich wirklich da sein – wenn jemand dies bereits untersucht hätte und die Frage schon beantwortet wäre, ist es natürlich keine gute Forschungsfrage. Aber ich denke, dass das allen klar sein wird. Sie wollen natürlich etwas untersuchen, das nicht schon vor Ihnen genauso untersucht wurde).

Nachdem Sie Ihre Forschungsfrage in dieser Weise motiviert haben, fehlt am Ende der Einleitung nur noch das Motivieren und Aufstellen Ihrer Hypothesen. Wie das geht, erfahren Sie im nächsten Abschnitt.

Ihre Hypothesen motivieren

In Schritt 3 unserer Checkliste haben wir an Hypothesen gearbeitet. Nun stellt sich die Frage: Sind Ihre in Schritt 3 erstellten Hypothesen immer noch die besten? Oder haben Sie im Zuge Ihrer Quellenrecherche und Vorbereitung der Einleitung bemerkt, dass die eine oder andere Hypothese in genau der Form schon veraltet ist und nochmal angepasst werden muss? Dann ist am Ende der Einleitung genau der richtige Moment dazu gekommen.

In der Form, wie Sie die Forschungsfrage motiviert haben, motivieren Sie nun auch Ihre (ggf. angepassten) Hypothesen, und zwar jede für sich. Wie könnte die Motivation aussehen?

Sie überlegen gemeinsam mit den Lesenden, wie begründete Annahmen aussehen könnten, bzw. welche Aspekte Sie warum genauer untersuchen werden, um Ihre Forschungsfrage zu beantworten. Ich versuche zu obigem Thema ein anschauliches Beispiel zu geben.

Sie hatten Ihre Forschungsfrage motiviert (im Beispiel oben zu TikTok in D und den USA). Nun schließt sich die Motivation der Hypothesen an:

Auf Basis der in der Einleitung präsentieren Literaturrecherche und des aktuellen Forschungsstandes ergeben sich folgende 3 Hypothesen, die im Rahmen dieser Arbeit genauer untersucht werden sollen:

H1: TikTok wird in Deutschland nur von unter 5 % der Generation Y und älteren Generationen verwendet.

Diese Hypothese ergibt sich insbesondere, da neueste Untersuchungen gezeigt haben, dass … (hier verweisen Sie idealerweise auf eine Forschungsliteratur, die so etwas oder etwas Verwandtes angedeutet hat).

Des Weiteren nehmen wir an, dass in den USA die Nutzung von TikTok durch ältere Generationen etwas höher ist, nämlich bei etwa 10 % liegt. Dies könnte daran liegen, dass die USA TikTok bereits einige Jahre länger nutzen und daher mehr Zeit war, … (hier können Sie ggf. ausführlicher begründen). Daher lautet unsere zweite Hypothese:

H2: TikTok wird in den USA von 10 % der Generation Y und älteren Generationen verwendet.

Inhaltlich ist mir hier übrigens nicht klar, ob mein Text oben Sinn ergibt. Das wäre vielleicht ein spannendes Thema, das Sie untersuchen könnten! Aber formal will ich damit zeigen: Motivieren Sie Ihre Hypothesen kurz. Erklären Sie, was gemeint ist und warum sich diese Hypothesen für Sie auf Basis Ihrer vorangehenden Recherche und Einleitung nun genau so darstellen.

> **Teepause Einleitung – wann kann ich sie schreiben?**
>
>
>
> Müssen Sie das alles jetzt schon schreiben? Nein, lesen Sie das Buch in Ruhe weiter bis zu Schritt 5, Ihr Exposé schreiben. Nachdem Sie dieses erstellt haben, können Sie mit dem Schreiben der Einleitung loslegen. Wir bereiten hier nur alles vor, damit Sie nachher nicht vor einem weißen Blatt sitzen, sondern Ihre Reise bestmöglich geplant ist.

Wie formuliere ich richtig? Ich, wir, man...?

Manche meiner Studierenden ergreift zu irgendeinem Zeitpunkt Angst vor dem weißen Blatt. Schreibblockade. Sie fragen mich: Wie fange ich überhaupt an? Und wie spreche ich in einem wissenschaftlichen Text die Lesenden an?

Sie bekommen hier von mir Zweierlei: Einen Tipp zum Stil und eine konkrete Anleitung, wie Sie starten können, falls es Ihnen allzu schwerfallen sollte. Hier erstmal zum Stil.

Im Allgemeinen wird beim Verfassen wissenschaftlicher Texte von der Ich-Form abgeraten. Es wird empfohlen, das Passiv und dazu die wir- oder man-Form zu verwenden. Hintergrund ist, dass dies weniger überheblich wirkt und die Leserschaft und potenzielle Forschungskollegen und -kolleginnen verbal mit einschließt.

Verwenden Sie also Formulierungen wie:

- Es ist zu diskutieren …
- Im Folgenden wird diskutiert, ob …
- In diesem Kapitel soll untersucht werden, inwieweit …
- Es zeigt sich, dass …
- Es ist offen, ob …
- Studien vergangener Jahre haben gezeigt …
- Wir stellen uns daher die Frage, ob …
- Man kann daher fragen, ob …

Sie sind immer noch etwas verloren, wie Sie loslegen sollen? Dann folgt jetzt hier mein ganz konkreter Tipp, wie Sie loslegen können. Wenn Sie erstmal einen Absatz geschrieben haben, wird es viel leichter. Notfalls nehmen Sie eben genau meinen Baukasten-Vorschlag hier unten.

Baukasten für den ersten Absatz Ihrer Einleitung

Hier mein Baukasten als Vorlage für Sie, falls alle Stricke reißen und Sie einfach mal irgendwo anfangen müssen.

- Starten Sie Ihre Einleitung mit einem direkten Zitat aus einer Quelle.
- Schließen Sie daran einen eigenen Satz an, der zum Beispiel beginnt mit: *Tatsächlich hat sich in den vergangenen Jahren vielfach die Frage gestellt, ob … oder: Tatsächlich zeigt sich, dass das Thema …*
- Danach schließen Sie einen dritten Satz an: *Um genauer zu verstehen, wie … muss man zunächst bestimmte Begriffe definieren. Dies soll in der folgenden Einleitung im Detail geschehen.*
- Schreiben Sie dann z. B. etwas wie: *Daran anschließend wird die Forschungsfrage dieser Arbeit motiviert. Zu ihrer Untersuchung werden 3 Hypothesen aufgestellt, die anschließend mit Hilfe der (Methode) untersucht werden.*

Daran anschließend könnte ein Absatz folgen, in dem Sie in Worten ein Inhaltsverzeichnis der folgenden Themen Ihrer Einleitung formulieren. Sie könnten starten mit:

Um die Forschungsfrage zu motivieren, werden wir zunächst definieren, was Online-Marketing ist und welches die wichtigsten sozialen Medien der Gegenwart sind. Wir werden dann die Entstehungsgeschichte von TikTok betrachten und die aktuelle Entwicklung beleuchten. Dabei werden wir insbesondere die Entwicklung in den USA und Deutschland vergleichen.

Schon ist Ihr Blatt nicht mehr leer und Sie sind gut gestartet. Sie stoßen sich an der einen oder anderen Formulierung aus meinem Baukasten? Wunderbar, ändern Sie sie ab! Und schon sind Sie ins Schreiben gestartet.

Direkt an diesen Absatz könnte sich übrigens ein erstes Unterkapitel anschließen, also eine Überschrift, die z. B. „Online-Marketing" heißt. Darunter könnten Sie starten mit einem Zitat aus einer Ihrer Quellen – und dann die Stichpunkte unter dem Begriff „Online-Marketing" abarbeiten, die Sie oben in Ihrer Themenliste generiert haben.

Wir kommen dem Schreiben näher: Jetzt geht es konkret um das Exposé! Denn bevor Sie die Einleitung wirklich schreiben, sollten Sie ein Exposé verfassen. Manche Hochschulen, Universitäten oder Einrichtungen fordern dies als verpflichtendes Dokument bei der Anmeldung Ihrer Bachelor- oder

Masterarbeit. Aber auch, wenn das nicht der Fall wäre, rate ich Ihnen unbedingt dazu, das Exposé zu verfassen und mit Ihrem Betreuer oder Ihrer Betreuerin durchzusprechen, bevor Sie richtig loslegen. Es ist wie eine Landkarte für Ihr Unternehmen – und Sie wollen doch nicht vollkommen frei losschreiben und nach einigen Wochen merken, dass Ihr Betreuer oder Ihre Betreuerin eigentlich etwas ganz anderes von Ihnen erwartet hat.

Das Exposé ist nach Ihrer schönen Vorarbeit in den Schritten 1–4 jetzt schnell verfasst und eine tolle Stütze für Sie und Ihre Betreuenden. Also schauen wir uns an, wie Sie dieses jetzt zügig verfassen können.

Weiterführende Literatur

Sandberg, B. (2016). *Wissenschaftliches Arbeiten von Abbildung bis Zitat. Lehr- und Übungsbuch für Bachelor Master und Promotion* (3., durchgesehene u. erw. Aufl.). De Gruyter Oldenbourg (De Gruyter Studium).

6

Schritt 5: Ihr Exposé schreiben

Inhaltsverzeichnis

Vorab Extra-Infos für die Masterarbeit 127
Aufbau des Exposés 127
Konkretes Beispiel-Exposé 128
Mein Exposé ist fertig – was jetzt? 134
Weiterführende Literatur 135

Ich wollte Ihnen nicht durch eine Vorauswahl vorenthalten, welche vier Bilder Midjourney erzeugte, als ich die KI bat, mir zu zeigen, was sie sich unter dieser Formulierung vorstelle: A student is extremely happy to finally start writing their exposé for their thesis. Ich werde natürlich mein Bestes geben, dass Sie am Ende des nächsten Kapitels alle genau so aussehen:).

Ihr Exposé ist eine etwa dreiseitige Darstellung Ihres Forschungsvorhabens. Wie schon beim Zitieren, ist es auch beim Exposé so, dass verschiedene Hochschulen, Universitäten und Einrichtungen durchaus eigene Vorgaben machen können, wie ein Exposé formal und inhaltlich zu strukturieren ist. Daher informieren Sie sich bitte, googeln Sie oder suchen Sie auf der Webseite Ihres Studiengangs oder Ihrer Einrichtung, ob es da entsprechende Vorgaben gibt. Ggf. fragen Sie auch einfach Ihren Betreuer oder Ihre Betreuerin.

Wenn es keine Vorgaben gibt, können Sie gerne meine Struktur hier übernehmen und auch ganz konkret das folgende Beispiel (Exposé von Laura Maier) als Vorlage verwenden.

Vorab Extra-Infos für die Masterarbeit

Auch für die Master-Arbeit kann ich ein Exposé empfehlen. Stellen Sie sich vor, Sie haben 5 Monate lang gearbeitet und zeigen Ihrem Betreuer oder Ihrer Betreuerin Ihre Arbeit. Plötzlich heißt es: Wo sind Sie denn hingewandert? Wir wollten doch etwas ganz anderes untersuchen! Glauben Sie mir, ich weiß, wovon ich spreche!

Um solche Schreckmomente zu verhindern, lohnt es sich, Ihr Forschungsvorhaben auf 3 Seiten zusammenzufassen, zu planen und mit Ihrem Betreuer oder Ihrer Betreuerin abzustimmen. Dadurch gewinnen Sie alle gemeinsam an Sicherheit und können sich danach immer wieder auf das Dokument beziehen. Außerdem hilft es Ihnen wie eine Landkarte auf einer Wanderung. Sie können es immer wieder vornehmen und sich streng fragen: Bin ich noch auf dem richtigen Weg zum Ziel?

Wenn Sie abweichen müssen, weil im Rahmen Ihrer Untersuchung etwas anderes herauskommt oder sich ein spannender neuer Aspekt zeigt: Auch in Ordnung! Besprechen Sie es dann mit Ihren Betreuenden und vereinbaren Sie eine Kursänderung. Das ist dann aber alles sauber kommuniziert und allen Seiten transparent. Daher auch für Sie, wärmste Empfehlung: Schreiben Sie ein Exposé.

Aufbau des Exposés

Ein Exposé kann zum Beispiel so aufgebaut sein:

- **Deckblatt** mit Ihrem Thema/Ihrer Forschungsfrage in der Mitte – darunter Ihr Name, Matrikelnummer, Emailadresse, Betreuer oder Betreuerin/oder beide.
- Nächste Seite: Überschrift „**Exposé**", darunter eine kurze Einleitung und Hinführung zur Forschungsfrage. Ihre Forschungsfrage wird explizit formuliert (wenige Sätze).
- Es folgt eine Zwischenüberschrift „**Stand der Forschung**", und dahinter ein oder ein paar Absätze: Hier erläutern Sie kurz, wie aktuell der Wissensstand aussieht.

- Es folgt eine Zwischenüberschrift „**Methode**": Hier beschreiben Sie, welche Methode Sie zur Untersuchung verwenden wollen. Dieser Absatz ist sehr hilfreich, da Sie hier im Rückgespräch mit Ihrem Betreuer oder Ihrer Betreuerin nochmal genau klären können, ob dies die Methode ist, die Ihre Betreuenden für Sie vorgesehen haben und ob Sie alles bedacht haben, bzw. ob Ihren Betreuenden noch etwas besonders wichtig ist.
- Es folgt die Zwischenüberschrift „**Gliederung**". Dann Ihre Gliederung. Hier können die Themen Ihrer Einleitung, die Sie in Schritt 4 vorbereitet haben, bereits gelistet werden. Das sehen Sie unten im konkreten Beispiel auch.
- Es folgt eine Zwischenüberschrift „**Literaturverzeichnis**". Dies ist das bisherige Literaturverzeichnis aus Ihrer Recherche im vorangehenden Kapitel. Hier können Sie Ihre in Schritt 4 zusammengestellten Quellen auflisten.

Wie lange die jeweiligen Abschnitte sind, wird von Ihrer Arbeit abhängen. Ebenso, ob alle Abschnitte wirklich so vorkommen. Nach meiner Erfahrung passte dieser Exposé-Aufbau aber für alle Arbeiten, die ich betreut habe, inklusive der Arbeiten, die ich selbst verfasst habe – ich sehe also gute Chancen, dass Ihnen diese Struktur hilfreich sein wird.

Damit Sie die obige Struktur auch am konkreten Beispiel nachvollziehen können, habe ich eine Studentin gefragt, die bei mir ihre Bachelor-Arbeit geschrieben hat und eine 1,0 dafür erhielt, ob ich ihr Exposé hier einfügen darf. Dieses finden Sie im folgenden Abschnitt. Laura Maier hat mir dies ermöglicht, dafür herzlichen Dank!

Konkretes Beispiel-Exposé

Laura Maier war Studierende im Studiengang Mediapublishing an der Hochschule der Medien und hat bei mir 2022 ihre Bachelorarbeit zum Thema „Lesemotive von Fantasy-Bestsellern der letzten 10 Jahre"

abgeschlossen. Ihre Arbeit wurde mit 1,0 bewertet und ihr Exposé war sehr gut gelungen, weswegen ich es hier als Best-Practise-Beispiel zur Verfügung stellen möchte.

Zweitbetreuerin ihrer Arbeit war Frau Maria Weber vom Droemer Knaur Verlag, an die an dieser Stelle auch ein großer Dank geht. Es war eine tolle Zusammenarbeit!

Zuerst kam das Deckblatt mit dem Thema und genaueren persönlichen Daten, an dieser Stelle nenne ich Ihnen daraus nur:

Bachelorarbeit im Studiengang Mediapublishing über

die Lesemotive von Fantasy-Bestsellern in den letzten zehn Jahren

von Laura Maier
Dann folgte die nächste Seite, mit Überschrift:

Exposé
Die letzten Jahre haben gezeigt, dass die Buchbranche zwar stabile Umsatzzahlen vorweisen kann, die Anzahl der Leser*innen jedoch abnimmt. Das geht aus der Marktforschungsstudie „Buchkäufer – quo vadis?" des Börsenvereins des Deutschen Buchhandels aus dem Jahr 2018 hervor[1]. Demnach ist ein zentrales Problem für die reduzierten Leserzahlen die fehlende Orientierung beim Buchkauf.

Der Marketing- und Verlagsservice des Buchhandels (MVB) hat in den vergangenen zwei Jahren mit der Taskforce „Orientierungssystem" nach Lösungsansätzen gesucht[2]. In diesem Zusammenhang sind die sog. Lesemotive entwickelt worden.

Mithilfe einer vom Unternehmen QualiFiction entwickelten, künstlichen Intelligenz (KI) können den einzelnen Werken mit der Analyse-Software Lesemotive zugeordnet werden. Lesemotive basieren auf einer neurowissenschaftlichen Basis und beziehen unterbewusste emotionale Kaufimpulse von Leser*innen mit ein. Die zehn Lesemotive sind: Auseinandersetzen, Eintauchen, Entdecken, Entspannen, Lachen, Leichtlesen, Nervenkitzel, Optimieren, Orientieren und Verstehen.

---

[1] Vgl. https://www.boersenverein.de/markt-daten/marktforschung/studien-umfragen/studie-buchkaeufer-quo-vadis/.
[2] Vgl. https://mvb-online.de/presse/mitteilungen/2019/taskforce-orientierungssystem-teilprojekt-zur-kategorisierung-von-kundenbeduerfnissen-startet.

Die Lesemotive werden im Herbst anlässlich der Buchmesse eingeführt und sind für Handel und Verlage ab diesem Zeitpunkt über VLB-TIX zugänglich. Für Verlage ist nun interessant zu sehen, wie die KI ihre Werke einstuft. Dabei ist der Blick auf die Buchbestseller für Verlage von großer Bedeutung, denn diese tragen einen Großteil des Umsatzes, können die Bekanntheit von Verlagen steigern und gehen nicht selten auch mit einer größeren Fangemeinde einher[3].

Lesemotive sind genreunabhängig. Demnach kann einem Thriller das gleiche Lesemotiv wie einem Liebesroman zugeordnet werden. Für die Betrachtung ist besonders interessant, wie sich Lesemotive innerhalb eines bestimmten Genres verhalten.

In dieser Bachelorarbeit sollen die Werke der Warengruppe 132 (Belletristik/Fantasy) untersucht werden. Hierbei handelt es sich um belletristische Fantasy-Literatur, die sich vorwiegend an erwachsene Leser*innen richtet. Dabei sind folgende Aspekte von besonderem Interesse: Gibt es im Bereich Fantasy Werke, die gehäuft bestimmte Lesebedürfnisse erfüllen? Welche anderen Kriterien könnten sonst ausschlaggebend für den Erfolg bestimmter Bestseller/Bestsellerreihen sein?

Die zentrale Fragestellung der Arbeit lautet daher: Welcher Zusammenhang besteht zwischen dem Erfolg von Fantasy Bestsellern der Jahre 2010 bis 2020 und den Lesemotiven, die den einzelnen Büchern zugeordnet werden.

Im „Ausblick" der Arbeit könnte auch spannend sein, wie die Aussichten auf wirtschaftlichen Erfolg für Verlage durch gezielten Einsatz von Lesemotiven im Stadium der Manuskriptakquise dadurch verbessert werden könnten, dass mehr Fantasy-Titel auf den Bestsellerlisten landen.

Stand der Forschung

Die Kategorisierung der Lesemotive ist, wie oben beschrieben, eine Antwort auf das

zunehmende „Abwandern" von Gelegenheitsleser*innen. Die flächendeckende Einführung der Lesemotive beginnt im Oktober 2021. Ab diesem Zeitpunkt werden im Verzeichnis Lieferbarer Bücher (VLB) für jedes Buch ein Haupt-Lesemotiv (und ggf. auch ein Neben-Lesemotiv) hinterlegt sein[4].

---

[3] Vgl. Clement et al. (2008), S. 751 ff.
[4] Vgl. https://vlb.de/leistungen/lesemotive-im-vlb.

Aufgrund der Aktualität des Themas gibt es noch keine Forschung zum Erfolg oder zu
Auswirkungen von Lesemotiven auf den Markt. Es wird sich vermutlich erst mit den Jahren zeigen, ob die Lesemotive den gewünschten Erfolg mit sich bringen. Doch auch vor der Einführung von Lesemotiven waren Verlage seit jeher darauf aus, mit ihrem Verlagsprogramm den größtmöglichen wirtschaftlichen Erfolg zu erzielen.

Ob dieser Bestseller-Erfolg planbar ist, lässt sich nicht zweifelsfrei klären. Grundsätzlich kann ein „sicherer" Erfolg kaum gewährleistet werden[5]. Mögliche Erfolgsaspekte, die nach bisherigem Kenntnisstand in der Literatur neben den Lesemotiven eine Rolle spielen könnten, werden in der Arbeit vergleichend beleuchtet.

Methode

Um die Zusammenhänge zwischen Lesemotiven und Fantasy-Literatur mit Bestsellerpotenzial zu untersuchen, eignet sich eine Analyse der Titel im Zeitraum von mind. zehn Jahren, die es in die Top 20 der Spiegel-Bestsellerlisten geschafft haben. Auch die Dauer der Platzierung in der Bestsellerliste kann eine nähere Eingrenzung der zu untersuchenden Titel zur Folge haben.

Neben der Zuordnung in Haupt- und Nebenlesemotive sollen auch Kategorisierungen nach Metadaten, Subgenres sowie Reihen- oder Einzeltitel herangezogen werden, um neben den Lesemotiven auch auf andere Gemeinsamkeiten für den Erfolg der Werke schließen zu können.

Die Bestseller werden in einer Excel-Tabelle gesammelt und nach Zeiträumen sortiert. Mithilfe des MVB Lesemotiv-Browsers[6] können für jedes Werk Haupt- und ggf. Nebenlesemotiv ermittelt werden. Zur Auswertung eignen sich sog. Analyse-Funktionen, mit deren Hilfe Werte z. B. über die Häufigkeit der auftretenden Lesemotive ausgewertet und visuell aufbereitet werden können.

Experteninterviews:

Das Thema rund um die Lesemotive ist neu, sodass neben offiziellen Informationen des MVB bisher keine wissenschaftlichen Untersuchungen veröffentlicht wurden. Um die Hintergründe des Entstehungsprozesses, die Erwartungen an die Lesemotive sowie technische Zusammenhänge besser verstehen zu können, sind daher Interviews mit Expert*innen heranzuziehen.

---

[5] Vgl. Keuschnigg (2012), S. 19.
[6] MVB Lesemotiv-Browser: https://d26ihb5d1prpxu.cloudfront.net/feedback.

Mögliche Interviewpartner könnten sein:

- Kai Wels, MVB Leiter Geschäftsbereich Digital
- Markus Fertig, MVB PR- Manager
- Stephanie Lange, Vertriebsberaterin
- Swantje Meininghaus (Nordbuch) à Branchenexpertin, hat Prozess begleitet
- Tobias Streitferdt (Holzbrinck) à Branchenexperte, hat Prozess begleitet
- Vertreter*innen von QualiFiction

Auch Interviewgespräche mit Lektor*innen, die im Bereich der belletristischen Fantasy tätig sind, stellen eine Option dar. Solche Interviews könnten Erkenntnisse darüber liefern, nach welchen Kriterien bisher die Erfolgsaussichten von Fantasy-Literatur von den Lektor*innen eingeschätzt wurden. So können Erkenntnisse gewonnen werden, inwieweit das Einbeziehen von Lesemotiven einen Mehrwert für die Manuskriptakquise darstellt.

Zur Thematik passende Literaturquellen werden ausgewertet und in die Darstellung einbezogen

Gliederungsentwurf
1 **Einleitung**
    1.1   Erläuterung der Forschungsfrage
    1.2   Darstellung der These und Zieldefinition
    1.3   Aufbau der Methodik
    1.4   Forschungsfrage und Hypothesen
2 **Theoretische Grundlagen**
    2.1   Definitionen und Herkunft von Lesemotiven
    2.2   Stand der Bestsellerforschung
    2.3   Mögliche Auswirkungen von Lesemotiven auf die Buchbranche
        2.3.1   Positive Auswirkungen
        2.3.2   Mögliche Gefahren (Gefahr, dass sich aus Rentabilitätsgründen nur noch lukrative Lesemotive durchsetzen)
    2.4   Das Fantasy-Genre
        2.4.1   Definition
        2.4.2   Bekannte Erfolgsstrategien des Fantasy-Genres

3 **Untersuchung von Fantasy-Bestsellern der Jahre 2010 bis 2020.**
   3.1   Kriterien für die Untersuchung
   3.2   Beschreibung der Herangehensweise
   3.3   Auswertung der Ergebnisse.
   3.4   Diskussion der Ergebnisse und Hypothesen
4 **Experteninterview**
   4.1   Auswahl Interviewpartner
   4.2   Interviewleitfaden
   4.3   Interviewauswertung
5 **Ausblick**
6 Fazit

Ausgewählte Literatur
Bisherige Auswahl an Literatur:
   Airaksinen (2020) Airaksinen, Katja-Liisa: Beliebte Fantasyliteratur und Fantasyuntergenres in Deutschland während der Jahre 2015 bis 2019
   Archer et al. (2017) Archer, Jodie; Jockers, Matthew L.: Der Bestseller-Code: Was uns ein bahnbrechender Algorithmus über Bücher, Storys und das Lesen verrät
   Kurz et al. (2007) Kurz, Andrea et al.: Das problemzentrierte Interview. In: Qualitative
   Marktforschung Konzepte – Methoden – Analysen Wiesbaden, Gabler
   …
   u. v. m. (ca. 15 Quellen).
   Soweit das Exposé von Laura Maier.

Sie sehen, dass die oben empfohlene Exposé-Struktur beibehalten wurde. In der Gliederung fanden sich die Themen in einer Form, wie Sie sie möglicherweise beim Durcharbeiten von Schritt 4 auch bereits für sich selbst erstellt haben. Wenn Sie noch nicht alles haben für Ihr Exposé: Jetzt ist die Zeit gekommen, alles vorzubereiten und das Exposé zu schreiben. Und danach geht es dann wirklich los!

Teepause Exposé – los geht's

Jetzt sind wir an einem wichtigen Punkt angekommen: Nach allen Vorbereitungen sind Sie jetzt so weit, dass Sie mit Ihrem Betreuer oder Ihrer Betreuerin sprechen und die Arbeit anmelden können. Sie haben die Arbeit bereits angemeldet? Dann besprechen Sie das Exposé mit Ihrem Betreuer oder Ihrer Betreuerin und legen danach gleich los.

Mein Exposé ist fertig – was jetzt?

Wenn Sie Ihr Exposé soweit fertig gestellt haben, dass Sie damit zufrieden sind, dann melden Sie sich bei Ihrem Betreuer oder Ihrer Betreuerin zur Besprechung an. Sie senden das Exposé schon vorab per Mail und bitten darum, dass dieses bei einem nächsten Treffen besprochen wird. Dann gehen Sie es gemeinsam durch.

Ihr Betreuer oder Ihre Betreuerin wird wertvolle Tipps und Anmerkungen haben, die Sie sich notieren und um die Sie das Exposé erweitern und anpassen können. Das finale Exposé senden Sie Ihrem Betreuer oder Ihrer Betreuerin danach nochmal zur Freigabe. Manchmal muss man dann nochmal dran. Und nochmal. Das macht aber nichts. Lieber jetzt als mitten in Ihrer Arbeit, wenn die Uhr tickt und Sie schon viel investiert haben.

Wenn das Exposé vom Erstbetreuer oder der Erstbetreuerin als fertig beurteilt wird, können und sollten Sie es auch dem oder der Zweitbetreuenden noch einmal zeigen. Wenn beide Freigabe erteilen, sind Sie auf der sicheren Seite und können Ihre Arbeit formal anmelden. Aber wie finden Sie eigentlich Ihre Betreuenden? Dazu gebe ich Ihnen ein paar Hinweise im nächsten Schritt.

Weiterführende Literatur

Oehlrich, M. (2019). *Wissenschaftliches Arbeiten und Schreiben: Schritt für Schritt zur Bachelor- und Master-Thesis in den Wirtschaftswissenschaften* (2. Aufl.). Springer Gabler.

7

Schritt 6: Erst- und Zweitbetreuende suchen

Inhaltsverzeichnis

Vorab Extra-Infos für die Masterarbeit	139
Erstbetreuende klug aussuchen	139
Zweitbetreuung klug ergänzen	140

So stellt Midjourney sich das vor: Three people shake hands, they are very happy because it is so much fun to work on a Bachelors' thesis together. Das ist doch toll.

Ihr Erstbetreuer oder Ihre Erstbetreuerin können Sie selbst zu diesem späten Zeitpunkt noch suchen – also nach der Erstellung eines ersten Exposés. Manchmal möchten potenzielle Betreuende sogar ein Exposé sehen, um zu beurteilen, ob sie passend sind als Betreuer oder Betreuerin.

In anderen Fällen haben Sie einen Betreuer oder eine Betreuerin, die Ihnen das Thema gibt – die Reihenfolge kann also unterschiedlich sein. Worauf aber sollten Sie bei der Auswahl Ihrer Betreuenden achten?

Vorab Extra-Infos für die Masterarbeit

Dieses Kapitel gilt für Sie, liebe Masterierende, ganz genauso wie für Bachelorstudierende. Manchmal kennen Sie Ihre Einrichtung besser, dann kann es leichter fallen, zwei interne Betreuende zu finden. Wenn Sie aber zum Master an eine andere Einrichtung gewechselt haben, kennen Sie die Leute an Ihrer Hochschule oder Universität sogar tendenziell weniger als die Bachelorstudierenden.

Also, lesen Sie den kommenden Abschnitt einfach und sehen Sie, was davon auf Sie zutrifft. Die Wahl der Betreuenden ist für Sie tendenziell noch wichtiger – insbesondere, wenn Sie eine akademische Laufbahn anstreben. Dann können Ihre Betreuenden langfristig Ihre Fürsprechenden werden. Bedenken und planen Sie das, wenn möglich mit.

Erstbetreuende klug aussuchen

Als Erstbetreuender kommt idealerweise jemand infrage, den oder die Sie aus Ihrem Studium kennen und den oder die Sie mochten. Eine Person, die Ihnen zusagt, weil er oder sie Sie fachlich oder menschlich beeindruckt hat. Sie sollten jedenfalls, wenn möglich, jemanden wählen, dessen oder deren Urteil Sie auch akzeptieren können.

Negativbeispiel:

Ich hatte einmal eine Studierende, die mich als Mentorin nicht recht akzeptieren konnte. Sie kannte mich auch nicht gut und wir wurden einander auch eher zugewiesen, wie in einer arrangierten Ehe, sozusagen. Wann immer ich ihr Tipps zu geben versuchte, argumentierte sie nur, warum dies nicht sinnvoll sei oder nicht ginge. Verstehen Sie mich nicht falsch: Eine konstruktive Ablehnung von Tipps kann ja etwas sehr Fruchtbares sein! Wenn Sie sich von Ihrem Betreuenden durch kritische Reflexion abwenden und etwas Eigenes entwickeln, ist das auf jeden Fall auch eine sehr gute Form der Forschung. Kluge Betreuende werden das absolut zu honorieren wissen.

Wenn Sie aber Anstöße und Ideen nur ablehnen und dann nichts Eigenes entwickeln, ist es natürlich für Sie und den oder die Betreuende nicht wirklich gut. Dies war auch leider eine Arbeit, die trotz intensiver Bemühungen nicht im Zeitrahmen abgeschlossen werden konnte. Daher mein Tipp: Wählen Sie jemanden, deren Mentoring Sie annehmen können.

Wenn Sie das Glück hatten, dass Ihr Erstbetreuender Ihnen zugesagt hat, liegt es in den meisten Fällen in der Hand des oder der Studierenden, auch einen Zweitbetreuer oder eine Zweitbetreuerin zu suchen. Was hier aus meiner Erfahrung meist die erfolgversprechendste Kombination war, erkläre ich Ihnen im nächsten Absatz.

Zweitbetreuung klug ergänzen

Die erfolgreichste Kombination bei angewandten Bachelorarbeiten oder Masterarbeiten war aus meiner Erfahrung diejenige, bei der jemand von einer Hochschule Erstbetreuer oder Erstbetreuerin war (also z. B. ich) und jemand aus der Industrie oder Praxis Zweitbetreuender oder Zweitbetreuende.

Wenn Sie also aus Ihrem Praktikum oder einer nebenberuflichen Beschäftigung oder aus Ihrem Bekanntenkreis jemanden kennen, der in einem Unternehmen arbeitet, für das Ihre Arbeit interessant sein könnte, dann ist dies meine wärmste Empfehlung. Bedingung ist nur, dass die Person einen mindestens gleichwertigen oder höheren Abschluss erreicht hat. Eine Person mit einem Bachelor in irgendeinem Fach kann also Betreuende für eine Bachelorarbeit eines beliebigen (auch anderen Fachs) sein, nicht aber eine Masterarbeit betreuen (wenn diese Person nicht auch einen Master oder höheren Abschluss nachweisen kann). Das ist übrigens manchmal ein Ärgernis – ist aber nicht zu ändern. Also bitte achten Sie darauf.

Es ergeben sich hier verschiedene Win-Win-Möglichkeiten: Sie profitieren von einem Ansprechpartner oder einer Ansprechpartnerin aus der Praxis und können Ihre Forschungsfrage und die Einleitung nochmal stärker auf ein konkretes Unternehmen oder eine Zielgruppe ausrichten. Das kann zum Beispiel dadurch geschehen, dass Sie das Exposé nochmals intensiv mit der Zweitbetreuung diskutieren. Der Zweitbetreuende gibt dann ggf. nochmal mehrere wichtige Impulse. Vielleicht überlegen Sie gemeinsam, wie Sie die Frage am Beispiel des Unternehmens konkretisieren können. Vielleicht überlegen Sie, ob Sie am Ende der Untersuchung noch einen Prototypen entwickeln möchten (siehe dazu in Kap. 2 das Unterkapitel zum Thema „Prototyp").

Die Person aus der Praxis wird sehr interessiert an Ihrer Arbeit sein und im Allgemeinen auch sehr wertschätzend und wohlwollend. Denn, und das ist der zweite Teil der Win-Win-Komponente, Sie generieren ja hier kostenlos wertvolle Erkenntnisse für ein Unternehmen oder eine Zielgruppe. Damit erzeugen Sie einen spannenden Mehrwert, für den im Allgemeinen jeder dankbar sein wird.

Wenn Sie in einer Richtung arbeiten, die weniger angewandt ist, dann überlegen Sie trotzdem mal: Für wen könnte Ihre Arbeit unmittelbar wertvoll sein? Wer wird sich für das Ergebnis interessieren? Wer könnte die Arbeit als Externer oder Externe betreuen? Übrigens ist das natürlich auch eine gute Leitfrage nach innen, in Ihre Institution oder Universität oder Hochschule hinein, wenn Sie auf der Suche sind: Welchen Zweitbetreuer oder Zweitbetreuerin wird Ihr Thema interessieren?

Warum empfehle ich hier zunächst eine externe Betreuung und was der Gewitter-Banner hier zu suchen? Sehen Sie, Noten sind idealerweise das Ergebnis einer neutralen Bewertung. In der Realität ist das auch in den allermeisten Fällen sicher der Fall. Jedoch sind und bleiben wir alle Menschen, und in der Realität sind nicht alle Prüfenden einander immer vollumfänglich positiv oder neutral zugetan. Vielleicht ist eine Person über die andere irgendwie voreingenommen oder möchte gerne mal zeigen, wie kritisch man selbst ist – insbesondere im Vergleich mit fremden Inhalten oder Bewertungsmaßstäben.

Das geschieht natürlich, wenn überhaupt, zumeist vollkommen unbewusst. Aber es lässt sich eben unter Menschen, die einander kennen und viel miteinander arbeiten, nicht ausschließen.

Daher meine ganz persönliche Empfehlung: Personen von außen haben im Regelfall keine Beziehung zum oder zur Erstprüfenden und die Neutralität der Bewertung kann so noch stärker unterstützt werden. Sie können niemanden aus einem Unternehmen gewinnen und müssen zwei interne Betreuenden wählen? Auch das ist natürlich kein Problem.

So hat es bei mir oft gut geklappt: Lassen Sie Ihren Erstbetreuer oder Ihre Erstbetreuerin doch mal einen Vorschlag machen, wer Zweitbetreuer oder Zweitbetreuerin sein könnte. Dadurch können Sie bestmöglich unterstützen, zwei Prüfende zu bekommen, die sich optimal ergänzen.

An dieser Stelle will ich es aber auf sich beruhen lassen, denn die Betreuenden, die ich im Laufe meines Berufslebens kennenlernen durfte, sind neutrale und wissenschaftliche Personen, die Persönliches hinten an stellen – und das gilt sicher auch für die große Mehrheit aller möglichen Betreuer und Betreuerinnen. Mir war nur wichtig, Sie auf die (seltene) Möglichkeit persönlicher Konflikte aufmerksam gemacht zu haben. Nun werden Sie hoffentlich eine Wahl treffen können, die für Sie optimal ist. Dafür viel Glück!

8

Schritt 7: Das Formale richtig machen: Von der Gliederung bis zum Zitat

Inhaltsverzeichnis

Vorab-Info für die Masterarbeit	145
Das Format Ihrer Arbeit	145
Die Abschnitte Ihrer Arbeit	146
Umgang mit ChatGPT und verwandten KIs	155
Wissenschaftliches Arbeiten im Überblick: Frau Dr. Mai's strenge formale Schule!	156

Das kam heraus als ich Midjourney sagte: „Show what happens to a scientific book if it is not properly structured." Absolut. Lesen Sie also das nächste Kapitel bitte sorgfältig, wenn Sie so etwas nicht erleben wollen. Die Kaffeebohnen und den Sekt gibt es auch erst nach dem letzten Kapitel.

An jeder Hochschule, Universität oder Einrichtung ist die formale Anmeldung einer Bachelorarbeit oder Masterarbeit ein wenig anders geregelt. Informieren Sie sich daher bitte in Ihrem Studienbüro, wie es bei Ihnen genau funktioniert. Fragen Sie:

- Was genau ist einzureichen, wie und wann?
- Welche Dokumente müssen unterschrieben werden? Von wem?
- Wohin müssen Sie alles senden, in wie vielfacher Ausfertigung?
- Wie sollen Sie zitieren? Welche weiteren Formalitäten sind geregelt?

Stellen Sie bitte sicher, dass Sie hier alles formal richtig machen, damit nicht im Nachhinein ihre Arbeit als ungültig erklärt wird oder Ihnen an irgendeiner Stelle die Zeit davonläuft. In diesem Kapitel bekommen Sie zuerst eine Übersicht von mir – der letzte Abschnitt ist von einer unserer wissenschaftlichen Mitarbeiterinnen, Frau Dr. phil. Nora-Leonie Mai, geschrieben, die nochmal ganz besonders exakt alles für Sie in einem großen Überblick zusammenfasst.

Vorab-Info für die Masterarbeit

Eine Masterarbeit wird normalerweise genauso gegliedert und formal strukturiert wie eine Bachelorarbeit. Daher können Sie die untenstehenden Abschnitte sehr gut verfolgen und für sich übernehmen.

Auch Sie sollten aber bitte prüfen, ob es an Ihrer Hochschule, Universität oder Einrichtung bestimmte Vorgaben gibt, an die Sie sich halten müssen. Ihnen empfehle ich ganz besonders den letzten Abschnitt in diesem Kapitel, der von Dr. Nora-Leonie Mai verfasst wurde und sehr detailliert die wichtigsten formalen Grundlagen erläutert.

Das Format Ihrer Arbeit

Stellen Sie auch sicher, dass Sie wissen, wie eine Bachelorarbeit oder Masterarbeit an Ihrer Einrichtung formatiert sein muss. Warum ist das wichtig?

Vorsicht Risiko! Stellen Sie sich vor, an Ihrer Institution muss die Arbeit mit einem gewissen Zeilenabstand eingereicht werden und einer gewissen Schriftgröße. Davon hängt die Anzahl der Seiten ab! Wenn Sie nicht von Anfang an in die richtige Formatvorlage hineinschreiben, kann es Ihnen scheinen, als hätten Sie bereits genügend Seiten verfasst, dabei sind es im Grunde zu wenige. Und dann? Dann geraten Sie in Gefahr, die geforderte

Anzahl an Seiten zu unterschreiten, was Ihre Arbeit ungültig machen wird. Sie geraten also in Versuchung, Textpassagen aus anderen Quellen einzufügen, um die Arbeit anzureichern, und wir sehen plötzlich, warum es in den vergangenen Jahren möglicherweise so viele Plagiatsfälle gab.

Gleich richtig machen: Sie wollen also den Umfang Ihres Textes nicht erst am Ende ihrer Arbeitszeit feststellen, sondern jederzeit wissen, wie weit Sie wirklich sind. Lesen Sie also bitte nach, welche Schriftgröße gewählt werden muss, welcher Zeilenabstand und ggf. welche Marginalienbreite (gemeint ist die Breite des Randes). Stellen Sie diese Werte in Word oder in einem Schreibprogramm ein, bevor Sie mit der Arbeit beginnen. Dann sind Sie sicher, dass Sie nicht am Ende ein Formatdesaster erwartet.

Die Abschnitte Ihrer Arbeit

Wir haben uns im vorhergehenden Schritt um die Einteilung eines Exposés gekümmert. Auch Ihre Bachelorarbeit oder Masterarbeit besitzt bestimmte Abschnitte, die in einer bestimmten Reihenfolge aufeinander folgen müssen. Möglicherweise hat auch hier Ihre Einrichtung eine genaue Vorgabe, in welcher Reihenfolge welche Abschnitte vorkommen müssen. Wenn nicht, dann ist das Folgende eine typische Reihenfolge:

- Deckblatt
- eidesstattliche Erklärung, dass man die Arbeit selbst verfasst hat
- Zusammenfassung der Arbeit auf einer Seite oder maximal zwei Seiten, inklusive Ergebnis
- Dieselbe Zusammenfassung als Summary in englischer Sprache
- Inhaltsverzeichnis
- gegebenenfalls Glossar oder Abkürzungsverzeichnis, falls Sie viele Abkürzungen verwenden werden
- Einleitung

- Vorstellung und Motivation Ihrer Methode mit Beschreibung der geplanten Durchführung und Diskussion von Details Ihrer Durchführung
- Ergebnisse, in Wort und Diagramm
- Diskussion der Ergebnisse
- Fazit und Ausblick
- Quellenverzeichnis, Abbildungsverzeichnis, weitere Daten, zum Beispiel transkribierte Interviews, ausführliche Umfrageergebnisse, Excel-Tabellen oder Ähnliches.

Informieren Sie sich, welche Reihenfolge dieser Abschnitte in Ihrer Universität, Hochschule oder Einrichtung gefragt sind. Klären Sie dies idealerweise auch gleich zu Beginn noch einmal mit Ihrem Betreuer oder Ihrer Betreuerin.

Ein paar Tipps:
1. Bereiten Sie sich eine Word-Vorlage oder eine Schreibvorlage so vor, dass alle Abschnitte als Überschriften dort bereits in der richtigen Reihenfolge hintereinander vorkommen. Diese Abschnitte sind zu Beginn noch nicht mit Inhalt gefüllt. Sie schreiben dann aber Ihren Text direkt in die Abschnitte hinein.
2. Formatieren Sie dabei bereits alles korrekt. Von Schriftart, Überschrift, Größe über Zeilenabstand und Randbreite oder Ähnliches. Formatieren Sie auch das Quellenverzeichnis. Fügen Sie dort beispielsweise eine erste Quelle einmal so ein, wie es an Ihrer Hochschule gefordert ist. Dann können Sie im Laufe des Schreibens alle anderen Quellen in analoger Weise gleich darunter eintragen.
3. Sie kennen jemanden, der etwas weiter ist als Sie und bereits eine Bachelorarbeit oder Masterarbeit erfolgreich verfasst hat, die bereits bewertet wurde? Auf der Website Ihres Studiengangs gibt es eine Beispielarbeit oder eine publizierte Arbeit? Fragen Sie doch die Person, ob

Sie ihr Dokument als Template verwenden dürfen. Oder, wenn die Arbeit online abrufbar ist: Nehmen Sie sie als Template, wenn Sie in einem offenen Format zugänglich ist. Man muss das Rad ja nicht jedes Mal neu erfinden.

Lassen Sie uns die Abschnitte nochmal einzeln durchgehen. Ich werde jeweils kommentieren, was hier zu tun und zu beachten ist.

Deckblatt

Bitte folgen Sie den Vorgaben Ihrer Einrichtung. Meist steht hier der Titel Ihrer Arbeit in der Mitte des Blattes und darunter Ihr Name, Adresse, Telefonnummer, Matrikelnummer, Name des Betreuers oder der Betreuerin, Hochschule, Fakultät … oder Ähnliches.

Eidesstattliche Erklärung, dass man die Arbeit selbst verfasst hat

Dazu gibt es Vorlagen im Internet oder evtl. auf Ihrer Hochschul-Internetseite. Bitte überprüfen Sie das. Und denken Sie daran: Was Sie unterschreiben, sollen Sie natürlich auch genauso einhalten, ist ja klar.

Zusammenfassung (dt./eng.)

Dieser Abschnitt kommt ganz vorne, wird aber normalerweise als letztes geschrieben.

Bitte achten Sie drauf, dass hier möglichst keine Tippfehler entstehen. Ich kenne es von mir selbst und aus vielen Beispielen: man schreibt diesen Text als letzten und liest nur noch halbherzig drüber. Bitte nicht! Dies ist Ihre Visitenkarte, Ihr erster Eindruck. Machen Sie hier alles richtig.

Am Ende Ihrer Arbeit wird es Ihnen möglich sein, diese Zusammenfassung bestmöglich und aus der Vogelperspektive zu schreiben. Hier kommt eine ganz kurze Einleitung und Beschreibung der Methode hinein und eine Zusammenfassung der wichtigsten Ergebnisse, sowie ein oder zwei Sätze zum Fazit, was also Ihre Arbeit bedeutet.

Dies schreiben Sie auf einer Seite oder maximal anderthalb Seiten auf – und fügen dahinter dasselbe noch einmal in englischer Sprache ein mit der Überschrift „Summary". Das sind also nochmals anderthalb Seiten, die englische Version startend auf einer eigenen Seite.

Inhaltsverzeichnis, Glossar, Abkürzungsverzeichnis

Ihr Inhaltsverzeichnis mit den verschiedenen Kapitelebenen und Seitenzahlen erscheint dann hinter der Zusammenfassung. Falls Sie eine Häufung komplexer Begriffe haben, die Sie vorab definieren möchten, oder sehr viele Abkürzungen verwenden, könnte sich ein Glossar oder ein Abkürzungsverzeichnis anschließen. Das ist nicht bei allen Arbeiten nötig. Informieren Sie sich aber bitte auch diesbezüglich bei Ihrer Einrichtung – möglicherweise ist in einigen Einrichtungen das eine oder andere oder beides verpflichtend vorgeschrieben.

Erstes Drittel: Einleitung

Hier beginnt nun der erste längere Teil Ihrer Arbeit, nämlich die Einleitung, über die wir in einem vorangehenden Schritt dieses Buches ausführlich gesprochen haben. Die Einleitung beträgt etwa ein Drittel des Gesamtumfangs Ihrer Arbeit.

Wenn Sie das Kapitel zur Einleitung noch nicht gelesen haben, möchte ich Ihnen empfehlen, jetzt noch einmal dorthin zu springen – oder es zu lesen, wenn Sie sich konkret an das Schreiben der Einleitung begeben.

Am Ende Ihrer Einleitung müssen Sie Ihre Forschungsfrage motivieren. Sie müssen erklären, warum sich auf Basis der aktuellen Faktenlage diese Frage ergibt. Warum sie spannend und relevant ist. Dann schreiben Sie die Forschungsfrage auch einmal ganz konkret auf. Wir haben es im Schritt 2 bereits gesagt, wiederholen es aber in aller Kürze: *Es muss klar werden, dass tatsächlich noch Raum für Ihre Frage ist. Dass die Frage also nicht schon durch den aktuellen Forschungsstand beantwortet wurde. Dass sie nicht zu trivial ist. Sie müssen beschreiben, dass auf Basis des bisherigen Erkenntnisstandes noch unklar ist, warum/wie … und dann Ihre Forschungsfrage begründen. Und dann schreiben Sie: „Daher ergibt sich für diese Bachelor-/Masterarbeit folgende Forschungsfrage: …"* Und dann schreiben Sie sie hin.

Danach stehen meist Ihre Hypothesen. Sie schreiben diese auf und dann jeweils ein paar erläuternde Sätze darunter, warum sich diese Hypothese so ergibt, vielleicht mit einem Zitat aus den Quellen, die Sie verwenden, oder einer sonstigen Motivation (Best Practises, die Sie gesehen haben, andere Kontexte, in denen das auch so ist etc.).

Zum Schluss findet sich noch eine Überleitung zu Ihrem Mittelteil, in dem Ihre wissenschaftliche Methode vorgestellt und motiviert wird, bzw. Details Ihrer Durchführung diskutiert werden. Dazu mehr im nächsten Absatz.

Mittelteil A: Vorstellung der Methode

Am Ende der Einleitung beginnt der Mittelteil Ihrer Arbeit, der im Allgemeinen dann vom Umfang her etwa ein weiteres Drittel oder etwas mehr als das zweite Drittel Ihrer Arbeit ausmacht.

Dieser Teil besteht aus einer Vorstellung und Motivation Ihrer Methode mit Beschreibung der geplanten Durchführung und Diskussion von Details Ihrer Durchführung. Der Umfang dieses Abschnittes kann variieren, je nachdem, wie komplex Ihre Untersuchung ist.

Mittelteil B: Ergebnisse

Der zweite Teil des Mittelteils besteht dann aus der Präsentation Ihrer Ergebnisse in Zahlen und Diagrammen, Übersichten, Tabellen, was immer Sie brauchen.

Wenn Sie keine Zahlen erhoben haben, sondern Interviews durchgeführt haben, werden Sie hier im Detail über die Auswertung Ihrer Interviews sprechen, mit vielen Zitatbeispielen. Die Interviews selbst und mögliche

Kodierungstabellen werden Sie in den Anhang stecken. Sie sollten hier aber intensiv darauf verweisen und Teile davon sichtbar machen.

Wenn Sie eine neue Definition vorgeschlagen haben, werden Sie hier Anwendungskontexte vorstellen und zeigen, was Ihre Definition in diesen Kontexten bedeutet.

Sie präsentieren hier also in jedem Fall konkrete Teile Ihrer Ergebnisse. Sie zeigen möglicherweise Diagramme und erläutern, was man darin sieht und aus welchen Daten und wie sich dieses Diagramm so ergeben hat.

Sie werden in diesem Abschnitt also Ihre Ergebnisse präsentieren und anschließend diskutieren. Hier geht es zunächst weniger um Deutungen, sondern erstmal um faktisches Beschreiben, was Sie aus Ihren Untersuchungsdaten herauslesen.

Formal besteht dieser Teil aus vielen Zitaten, oder Diagrammen, aus Tabellen oder Ergebnisübersichten und zwischendrin kommentierendem Text. Denken Sie daran, in den Textteilen immer wieder auf Ihren Anhang zu verweisen, oder auf die Stelle, aus der das Diagramm, die Tabelle oder das Zitat stammt.

Achtung! Diagramme, Tabellen oder Zitate sollten nicht vom Himmel fallen, man sollte Ihren Ursprung jederzeit nachvollziehen können.

Letztes Drittel: Diskussion und Auswertung der Hypothesen

Sie können den Auswertungsteil unterschiedlich gestalten. Man kann beispielsweise mit einem ersten Teil beginnen, in dem man die Durchführung und Ergebnisse generell kritisch diskutiert und beleuchtet. Dem könnte sich ein zweiter Teil anschließen, in dem Sie Ihre Hypothesen diskutieren. Wenn Sie das so machen, dann würden Sie im ersten, allgemeineren, Teil Fragen stellen und diskutieren wie:

- Wie verlässlich sind die Ergebnisse?
- War Ihre Stichprobe groß genug?
- War Ihre Stichprobe divers genug?
- Gab es einen Bias in Ihrer Stichprobe?
- War die Auswertung der Daten wissenschaftlich?
- Hat man etwas Neues gelernt und würde man heute anders vorgehen?
- Sehen Sie strukturelle Probleme mit Ihren Daten, die das Ergebnis möglicherweise verfälscht haben? Haben Sie beispielsweise die Daten in bestimmten Ferien oder im Sommerloch erhoben, könnte es hier Verzerrungen gegeben haben?
- Sind Ihre Ergebnisse signifikant?
- Gibt es Korrelationen, also sind bestimmte Ergebnisse tendenziell immer gemeinsam mit anderen aufgetreten?

Diskutieren Sie dann Ihre Hypothesen. Gehen Sie dazu Ihre Hypothesen einzeln durch, machen Sie diese z. B. zu Zwischenüberschriften. Diskutieren Sie darunter jeweils:

- Hat sich die Hypothese im Rahmen Ihrer Untersuchung bestätigt oder wurde Sie widerlegt?
- Warum war das so?
- Hätte man die Hypothese im Nachhinein nochmal so formuliert?
- Was bedeutet die Diskussion oben bezüglich der Qualität Ihrer Daten und Durchführung für Ihre Hypothesen?
- Wie verlässlich sind Ihre Ergebnisse, wie gut werden die Hypothesen gestützt oder widerlegt? Sind die Ergebnisse signifikant?
- Können Sie Ihre Hypothesen hinreichend unabhängig voneinander beantworten oder haben Sie bestimmte Korrelationen/Abhängigkeiten entdeckt? Was bedeutet das für Ihre Hypothesen?

Formal sollten Sie in diesem Teil Fließtext schreiben, aber immer wieder intensiv auf Ihre Einleitung, den Mittelteil, die Ergebnisse und Auswertung verweisen.

Lassen Sie hier keine „Sätze vom Himmel fallen", sondern belegen Sie gut, warum Sie bestimmte Aussagen treffen. Ich erlebe es immer wieder, dass in diesem Teil nur noch Fließtext geschrieben, aber nicht mehr auf Ihre Daten verwiesen wird. Dadurch verliert dieser Teil an Wissenschaftlichkeit. Denken Sie also daran, Ihre Aussagen in diesem Teil durch Ihre Daten zu stützen.

Schließen Sie den Diskussionsteil ab mit einer Empfehlung, wie man zukünftig Ihre Untersuchung verbessern oder erweitern könnte. Das könnte zum Beispiel geschehen, indem man die Stichprobe vergrößert, oder Hypothesen zuspitzt, indem man bestimmte Aspekte nochmal vertieft untersucht oder die Untersuchung auf weitere Kontexte ausdehnt.

Fazit und Ausblick

In diesem letzten Teil ziehen Sie Ihr Fazit. Dieses umfasst in der Regel nur noch wenige Seiten und ist ein Fließtext. Formal finden sich hier weniger Quellenverweise, aber durchaus noch Verweise auf konkrete Ergebnisse Ihrer Forschung, also auf Daten oder Zitate, oder auf die Diskussion des vorangehenden Abschnittes.

Gehen Sie in diesem Teil auf Fragen ein, wie:

- Was hat Ihre Untersuchung ergeben und was bedeutet das für Ihr Fachgebiet?
- Gehen davon bestimmte Handlungsempfehlungen aus?
- Welche zukünftigen Szenarien können Sie daraus ableiten?
- Sehen Sie bestimmte Entwicklungen vorher?
- Warum ist Ihr Ergebnis für die Branche oder die Fachwelt relevant?
- Was bedeutet es, wenn man Ihre Ergebnisse zukünftig verwendet?
- Können Ihre Ergebnisse in anderen Kontexten Anwendung finden?

Schlagen Sie hier ggf. zukünftige Untersuchungen vor. Schlagen Sie vor, was, wie und warum noch weiter untersucht werden könnte und sollte.

Quellenverzeichnis, Abbildungsverzeichnis, weitere Daten

Am Ende Ihrer Arbeit finden sich zum Beispiel transkribierte Interviews, ausführliche Umfrageergebnisse, Excel-Tabellen oder Ähnliches – also die Daten Ihrer Untersuchung, falls Sie Daten in irgendeiner Form erhoben haben. Der Anhang kann also ggf. recht lang werden.

Manchmal, wenn es große Excel-Tabellen gibt, möchten die Betreuenden diese lieber in anderer Form zugänglich gemacht bekommen. Besprechen Sie dies mit Ihren Betreuenden.

Hier findet sich auch das Literaturverzeichnis. Bitte achten Sie auf einheitliches Zitieren, ggf. im Stil Ihrer Einrichtung, Hochschule oder Universität, wenn es bestimmte Vorgaben gibt.

Rechtschreibkorrektur

Dem Thema Rechtschreibung möchte ich nur diesen kleinen Absatz an dieser Stelle widmen. Und doch ist es mir natürlich ein sehr wichtiges Anliegen. Es gibt heute so viele Rechtschreibprogramme: Nutzen Sie sie – und schauen Sie zudem selber genau hin!

Es ist für Ihre gesamte Arbeit wichtig und wird zu Notenabzug führen, wenn Sie viele Fehler im Text belassen. Am Wichtigsten aber ist:

Ihr Deckblatt, Ihre Einleitung, Ihre Summary zu Beginn der Arbeit, in der Sie alles auf einer oder anderthalb Seiten erklären, und Ihr Fazit. Diese sind Ihre Visitenkarte! Diese Seiten sollten Sie mehr als alle anderen mehrfach überprüfen, damit hier alles top aussieht und korrekt ist.

Wenn ich als Korrektorin hier Fehler finde, wird die ganze Arbeit in einem schlechteren Licht dastehen. Wenn Sie aus Zeitgründen also nur noch wenige Seiten Korrekturlesen könnten: Dann genau diese.

Umgang mit ChatGPT und verwandten KIs

Ich möchte diesem Kapitel noch einen Unterabschnitt zum Thema ChatGPT beifügen. Denn ChatGPT ist vor Kurzem in die Welt getreten – und wird nicht wieder daraus verschwinden, im Gegenteil. Man könnte neben ChatGPT auch andere KIs nennen, wie Midjourney o. ä. Wir beschränken uns hier exemplarisch auf ChatGPT.

ChatGPT ist eine mächtige KI, die im Internet aktuell frei zugänglich zur Verfügung steht. Wenn Sie sie noch nicht kennen sollten, müssen Sie sie unbedingt ausprobieren. Es ist meines Erachtens die am stärksten disruptiv wirkende Erfindung seit der Entwicklung des Internets. Ich bin absolut davon überzeugt, dass mit dem Aufkommen von ChatGPT und seinen KI-Brüdern und KI-Schwestern eine Revolution bevorsteht, die unsere Lern- und Arbeitsformen und auch unser Leben fundamental verändern wird. Es beginnt schon jetzt.

Insbesondere können Sie ChatGPT ab sofort auch für das Erzeugen von Texten verwenden. Wie gehen Sie im Rahmen Ihrer Bachelor- oder Masterarbeit damit um?

Bitte erkundigen Sie sich dazu auch bei Ihrer Hochschule oder Einrichtung. Momentan haben verschiedene Institutionen unterschiedliche Standpunkte zu ChatGPT und ähnlichen KIs entwickelt. Wenn Sie eine meines Erachtens sehr zukunftsorientierte Umgangsweise sehen möchten, sollten Sie auf die Seite von Cambridge University Press schauen. Dort sehen Sie, dass im März 2023 eine Erklärung zum Umgang mit ChatGPT veröffentlicht wurde, die ich Ihnen empfehlen möchte und die sicherlich auch immer wieder aktualisiert werden wird – hier der Link mit Stand März 2023: https://www.cambridge.org/news-and-insights/news/cambridge-launches-ai-research-ethics-policy.

In dieser Erklärung geht es darum, dass Autoren und Autorinnen ChatGPT verwenden dürfen, die verwendeten Textteile jedoch kennzeichnen müssen, per Zitat. So gehen derzeit nach meinem Kenntnisstand die meisten Institutionen mit ChatGPT um. Soll heißen: Sie dürfen ChatGPT verwenden, müssen die erzeugten Textpassagen aber zitieren, als hätten Sie es mit einem Interview zu tun. Oder als hätten Sie den Text aus Wikipedia entnommen. Oder aus einem Buch. Sie dürfen diese Textpassagen jedenfalls nicht einfach als eigenen Text verwenden. Das wäre Plagiat und kann mit geschickten Softwares auch entdeckt werden. Also lieber nicht riskieren. Und fair spielen.

Achten Sie bitte auch auf Folgendes: ChatGPT ist Wikipedia in manchem nicht unähnlich. Manchmal erzeugt auch ChatGPT nämlich den größten Unsinn. Die KI funktioniert, grob gesagt, so, dass sie das Internet „gelesen" hat – und darauf aufbauend berechnet, welches Wort jeweils am wahrscheinlichsten als nächstes folgt. So entsteht sukzessive auf Basis von Wahrscheinlichkeiten schrittweise eine Sequenz von Worten, ein Satz, mehrere Sätze: ein Text.

Dies zeigt Ihnen aber auch: ChatGPT ist eine Wahrscheinlichkeitsmaschine. Die KI „versteht" unsere Welt in diesem Sinne noch nicht, sie „weiß" nicht, was in unserer Welt „Fakt" ist und was nicht; sie erzeugt zunächst einfach „möglichst wahrscheinliche" Texte. Diese können also mit hoher Wahrscheinlichkeit zutreffen – aber eben auch nicht.

Deswegen müssen Sie von ChatGPT erzeugte Texte genauso überprüfen, wie Sie es mit jedem anderen im Internet verfassten Text tun würden. ChatGPT kann Ihnen bei Aufforderung auch Quellen nennen und zitieren – das würde ich empfehlen – aber auch diese Quellen müssen Sie dann überprüfen, analog zu Wikipedia.

Die Art und Weise, wie Sie Textpassagen von ChatGPT zitieren, variiert zwischen Institutionen. Wenn Ihre Hochschule dazu keine Angabe macht, würde ich die aktuelle Zitationsweise auf der Seite der Cambridge University Press empfehlen. Gehen Sie dorthin und schauen Sie diese einmal an. Da die Zitationsweise wahrscheinlich mit der Zeit variiert, finden Sie dort sicher immer eine aktuelle Variante.

Wissenschaftliches Arbeiten im Überblick: Frau Dr. Mai's strenge formale Schule!

Gastbeitrag von Dr. phil. Nora-Leonie Mai, Hochschule der Medien, Stuttgart

Liebe Leser und Leserinnen, ich – Vera Spillner – hatte das große Glück, dass unsere wissenschaftliche Mitarbeiterin, Frau Dr. Mai, mir eine Zusammenfassung ihrer Vorlesung zum Wissenschaftlichen Arbeiten zusammengestellt hat.

Während meine Einleitung (die obigen Abschnitte in Kap. 7) Ihnen hoffentlich Mut machen konnten und die Grundlagen nochmal wiederholt haben, finden Sie hier nun im Detail noch spezifischere Antworten auf formale Fragen. In den meisten Punkten stimmen wir überein – dort, wo wir voneinander abweichen, können Sie sehen, dass es im Bereich der formalen Details einer wissenschaftlichen Arbeit auch verschiedene Varianten gibt. Wählen Sie, was Ihnen am meisten zusagt oder was an Ihrer Institution gefordert wird. Und bitte wundern Sie sich nicht, dass ich im Buch die Sie-Ansprache gewählt habe, während Frau Dr. Mai in Ihrem Beitrag das Du gewählt hat. Die Welt ist bunt und dass darf man auch ruhig in einem Buch erleben. Danke an Frau Mai für diesen wertvollen Beitrag. Willkommen nun also in Frau Dr. Mai's Sprechstunde!

Wissenschaftliches Arbeiten – was heißt das eigentlich?

Wissenschaftliches Arbeiten: Klingt das nicht immer ein bisschen nach muffiger Luft in dunklen Bibliotheken, nach vergilbten Büchern unter einer dicken Staubschicht? Nein, tut es nicht – oder sollte es zumindest nicht. Schließlich begrüßt das 21. Jahrhundert seine Studierenden mit einer Fülle an digitalen Innovationen in der Informationslandschaft, die wissenschaftliches Arbeiten so einfach machen sollen wie nie zuvor. Digitalisierte Bücher, Wissenschafts-Blogs, Literaturverwaltungsprogramme, Zitationssoftware, Online-Plagiatsprüfung – was allein das Internet anbietet, wenn man einmal um Hilfe googelt, sollte aus wissenschaftlichem Arbeiten ein Kinderspiel machen. Oder etwa nicht?

Wie so oft im Leben ist die Informationsfülle des World Wide Web Fluch und Segen zugleich – auch dann, wenn es um's wissenschaftliche Arbeiten geht. Wo früher noch die Bibliothek der Heimatuniversität als Garant für Qualität und fachliche Richtigkeit stand, verlieren sich heute unsere Wege auf der Suche nach wissenschaftlicher Wahrheit im vermeintlichen Informationsgehalt von kommerziellen Werbe-Websites oder in ungefilterten Social-Media-Posts privat motivierter Meinungsmacher. Kurzum: In dem Maße, in dem die Informationsbeschaffung für Studierende einfacher geworden ist, hat sich die Schwierigkeit der „richtigen" wissenschaftlichen Vorgehensweise durch schiere Unübersichtlichkeit erschwert. Dass dies nicht nur ein Luxusproblem ist, sondern ein ernst zu nehmender Paradigmenwechsel in der Hochschulwelt, zeigen allein die zahlreichen Plagiatsaffären bekannter Persönlichkeiten in den vergangenen Jahren: Nicht immer steckt dahinter mutwillige Täuschung, sondern oft genug sind es Nachlässigkeit oder schlichte Schlamperei, die am Ende den akademischen Titel kosten.

Das muss nicht sein! Wissenschaftliches Arbeiten ist und macht Arbeit, keine Frage. Aber wie bei jeder Arbeit kommt es auf die richtige Technik und das richtige Handwerkszeug an. Daher möchte ich dir im Folgenden ein paar grundlegende Richtlinien und Tipps an die Hand geben, wie du korrekt mit Formalitäten wie Literaturrecherche, Quellenauswahl und Zitationen umgehst.

Am Anfang war das Wort: Die Literatur- und Quellenrecherche

Du hast dein Arbeitsthema gewählt, mit deiner Professorin oder deinem Professor abgestimmt und kannst loslegen? Sehr gut. Sofern noch nicht geschehen, wird der nächste Schritt sein, dass du dich genauer in die Thematik einliest und dir ein Bild vom aktuellen Stand der Forschung machst.

Denn gleich welcher Art deine Arbeit sein wird – ob du eine reine Theoriearbeit verfasst, in der du dich mit wissenschaftlichen Thesen auseinandersetzt, ob du empirisch arbeitest und selbst Datenerhebungen durchführst, oder ob du einen Praxisbericht wissenschaftlich aufbereiten möchtest: In jedem Falle wirst du dich auf bereits bestehende Theorien und formulierte Gedanken anderer Expertinnen und Experten berufen, die deine Arbeit unterfüttern und auf denen du eigene Gedanken oder Erhebungen aufbauen kannst. Aber wie gelangst du am besten an die relevanten Informationen?

Vielleicht hat dein Betreuer oder deine Betreuerin dir bereits Literatur empfohlen, die du über deine Bibliothek oder über Online-Datenbanken beziehen kannst und in der du weitere Verweise auf wichtige Namen und Werke findest. Vielleicht musst du aber auch einen großen Teil selbst recherchieren. Dabei leistet dir das Internet gute Dienste, wenn du die folgenden Punkte beachtest.

Die erste Anlaufstelle ist der Online-Katalog deiner Universitätsbibliothek, der sogenannte OPAC (Online Public Access Catalogue) Hier findest du nicht nur für dein Studienfach wichtige Printwerke (Bücher), sondern auch E-Books und Zugänge zu digitalen Archiven. Mach' dich daher frühzeitig mit dem System deiner Bibliothek vertraut! Du kannst davon ausgehen, dass die Werke, die in deiner Heimatbibliothek verfügbar sind, eine Art wissenschaftlicher Grundstock für deine weitere Arbeit sein werden, denn schließlich wurden und werden sie von den Angehörigen deiner Universität ausgewählt und genutzt. Und was besonders praktisch ist: Werke, die in deiner Heimatbibliothek nicht verfügbar sind, können oftmals trotzdem über die sogenannte „Fernleihe" aus anderen Bibliotheken bezogen werden.

An die Universitätsbibliotheken angeschlossen sind in der Regel auch online zugängliche Zeitschriftenarchive, die eine ganze Menge mittlerweile großteils digitalisierte wissenschaftliche Periodika beinhalten. Ob du auf die digitalen Volltexte von deinem heimischen Computer aus zugreifen kannst oder dafür einen Rechner in der Bibliothek aufsuchen musst, hängt von der Art des Zugangs ab – mach' dich rechtzeitig schlau, ob du eventuell besondere Zugangsdaten benötigst.

Über Google Scholar kannst du gezielt nach wissenschaftlicher Literatur suchen Die Suchmaschine Google Scholar ist spezialisiert auf wissenschaftliche Werke, die sowohl frei zugänglich als auch kostenpflichtig sein können. Dadurch unterscheidet sie sich von Google Books: Letztere durchsucht sämtliche hier vorhandenen digitalen (oder digitalisierten) Bücher, gleich ob wissenschaftlich oder nicht. Wenn du also noch unsicher bist, ob du wissenschaftliche von nicht-wissenschaftlichen Quellen unterscheiden kannst, dann halte dich zunächst an Google Scholar.

Wichtig: Nur weil ein Werk als Buch erschienen ist, heißt das noch lange nicht, dass es als Quelle für deine Arbeit verlässlich ist. Vorsicht ist beispielsweise geboten bei Publikationen von Verlagen, die gegen Geld jedwede Hausarbeit veröffentlichen. Hier musst du unterscheiden zwischen „Zitierfähigkeit" (was darf ich zitieren?) und „Zitierwürdigkeit" (was sollte ich zitieren – oder lieber nicht?) Grundsätzlich sind publizierte Abschlussarbeiten zitierfähig – du darfst sie als wissenschaftliche Quelle verwenden. Da du aber nicht wissen kannst, ob die Arbeit möglicherweise nur mit einer 4+ gerade so durchgerutscht ist, rate ich dir dringend, diese Art von Werk gleich aus deinen Rechercheergebnissen auszusondern.

Und was ist mit Wikipedia? Ach ja, Wikipedia … hier findet sich das gesammelte Wissen der Menschheit des 21. Jahrhunderts, das Leute wie du und ich mit mehr oder weniger Liebe zum Detail zusammengetragen haben. Das ist ohne Zweifel wertvoll und aus unserem Alltag nicht mehr wegzudenken – aber erstens ist Alltagswissen ist nicht gleich Wissenschaft. Was in der Wikipedia veröffentlicht, verändert oder wieder rausgeschmissen wird, unterliegt zweitens einem nicht immer ganz durchsichtigen Auswahl- und Bearbeitungsverfahren. Selbst wenn hier wichtige Informationen zu finden sind: Wen nennst du später in deiner Arbeit als Verfasser dieser Informationen?

Machen wir es kurz: Wikipedia-Artikel als Quelle einer wissenschaftlichen Arbeit zu verwenden ist ungefähr so, als würdest du in einem Zitierbeleg als Nachweis anführen: „Hat mir ein Kumpel erzählt." Tu es bitte nicht.

Du kannst Wikipedia gerne verwenden, um einen ersten Überblick zu bestimmten Themen zu bekommen. In einem zweiten Schritt musst du die gewonnenen Informationen unbedingt noch einmal für deinen eigenen Anwendungsfall nachprüfen: Nutze Wikipedia als Quelle für weiterführende Quellen! Diese findest du in der Regel als „Einzelnachweise" gelistet am Ende eines Wikipedia-Artikels. Sind keine Einzelnachweise verzeichnet? Dann lass' die Finger von diesem Artikel. Oder registriere dich als Wikipedia-RedakteurIn und ergänze die Einzelnachweise selbst. Aber bitte erst dann, wenn du deine wissenschaftliche Arbeit fertiggestellt hast, um die es hier geht.

Natürlich kannst du auch das gesamte World Wide Web nach geeigneten Informationen durchsuchen Und hier wirst du eine Menge finden – Sinnvolles, weniger Sinnvolles und Unsinn. Je nach gewähltem Arbeitsthema kann es natürlich notwendig sein, dass du Beispiele aus bestimmten Bereichen des World Wide Web lieferst. Was du grundsätzlich unterscheiden musst, ist deine Art der Verwendung der Online-Quelle:

Websites verschiedenster Art als *Untersuchungsgegenstand* für ein entsprechendes Thema einzubeziehen, ist selbstverständlich okay (du wirst ja auch kaum eine Arbeit über Goethe schreiben, ohne ihn einmal zu zitieren).

Wenn du Websites verschiedenster Art als *Informationsquelle* verwendest, weil du bestimmte Annahmen, Thesen, Modelle oder Theorien darstellen und belegen möchtest, wird es schon komplizierter. Hier musst du abermals differenzieren:

Geht es dir um explizit diese ausgewählte Website, weil du darstellen möchtest, wie genau dieser Website-Betreiber (und kein anderer) einen bestimmten Sachverhalt, Annahmen oder Theorien darlegt? Dann ist der Fall klar: Verwende natürlich die gewählte Website.

Anders verhält es sich, wenn du Informationen von Websites abrufst, die mit deinem Thema eigentlich nicht unmittelbar zu tun haben. Schau daher immer ins Impressum der jeweiligen Website: Wer ist der Verantwortliche dahinter? Als Informationsquelle unbedingt vermeiden solltest du Websites, die von kommerziellen Firmen betrieben werden, die ihre Dienstleistungen verkaufen. Um ein Beispiel zu geben: Du musst in deiner Psychologie-Arbeit den Begriff „Best Practice" verwenden und möchtest eine kurze

Begriffsdefinition einbauen. Beim Googeln findest du eine Begriffserklärung auf der Website einer Consulting-Firma, die ihre eigene „Best Practice"-Dienstleistung an die Kundschaft bringen möchte und daher auch erklärt, was damit eigentlich gemeint ist. Diese Begriffserklärung solltest du für deine wissenschaftliche Arbeit auf keinen Fall zitieren, denn es handelt sich schlicht um Werbung. Viele kommerzielle Websites von Firmen, die ihre Dienstleistungen verkaufen möchten, liefern zusätzlich ein wenig Input, Definitionen und kurze Artikel zu ihren Themen – das fällt aber in den Bereich Content Marketing und hat nichts mit wissenschaftlich validen Quellen zu tun.

Ähnliches gilt für Websites mit ausgesprochen journalistischem Inhalt. Ist genau der journalistische Bereich, exakt *diese* Form von Kommunikation dein Thema, dann wirst du dich damit befassen müssen. Wenn du aber einen Beleg dafür brauchst, dass sich die Erde tatsächlich um die Sonne dreht, dann verwende bitte nicht den passenden Artikel von welt.de, sondern eine astronomische Enzyklopädie. Auch auf Social-Media-Beiträge solltest du nicht zurückgreifen (es sei denn, deine zu schreibende Arbeit behandelt das Thema Social Media).

Versuche ein Gespür dafür zu entwickeln, was du einerseits als „Tatsachenbelege" verwenden kannst und was andererseits zwar der Wahrheit entsprechen mag, aber eben nicht zitierwürdig ist: Die Seiten von Twitter, TikTok und Co. verändern sich in rasantem Tempo, die Urheber der Beiträge sind mehr oder weniger anonym, und letztendlich liefert das hier geteilte Wissen ähnliche Qualität wie der Kumpel, der mir neulich erzählt hat, was ihm sein Vater immer gesagt hat. Was der nämlich immer gesagt hat, mag zwar wahr und richtig sein – bildet aber nicht die Basis wissenschaftlichen Arbeitens.

Und was ist sonst noch zu beachten? Nicht alles, was Wissen vermittelt, ist zitierfähig oder -würdig. Achte ebenso wie bei Onlinequellen auch bei Printmedien auf die Art des Mediums, auf Autor, Herausgeber und Verlag. (Die BILD-Zeitung ist nicht zitierwürdiger als Twitter, nur weil sie gedruckt ist!) Und auf die Gefahr hin, nun angestaubt und oldschool zu klingen: Verwende so wenige reine Online-Quellen wie möglich. So manche Links, die man sich rauskopiert oder als Lesezeichen gesetzt hat, führen schon nach kurzer Zeit plötzlich ins Leere oder sind invalide – höchst ärgerlich, wenn hier der Kern deiner wissenschaftlichen Aussage belegt war …

Bring' Ordnung ins Chaos: Die Quellen- und Literaturverwaltung

Überlege dir frühzeitig, wo und wie du deine Quellen sammeln möchtest, damit du den Überblick behältst. Neben allen analogen Maßnahmen wie Listen, Karteikärtchen und Ähnlichem gibt es den Segen der digitalen Literaturverwaltungsprogramme. Aus eigener Erfahrung kann ich dir den Gebrauch dieser modernen Errungenschaft nur empfehlen: Ein Literaturverwaltungsprogramm (auch: „Zitationsprogramm", „Referenzmanager") nimmt dir eine Menge nervenaufreibender Arbeit ab. Es organisiert nicht nur die bibliographischen Daten deiner Quellen, es kann auch Referenz- und Volltextdaten aus Online-Datenbanken und von Websites abrufen, generiert dir automatische Zitierbelege und erstellt aus den verwendeten Quellen ein automatisches Literaturverzeichnis.

Den Gebrauch der Programme hier genauer zu beschreiben würde zu weit führen, aber recherchiere einmal nach dem passenden Tool für dein Betriebssystem und dein Textverarbeitungsprogramm. Es kostet ein wenig Zeit und Arbeit, sich mit den Funktionen vertraut zu machen und sie sicher anzuwenden, aber es lohnt sich allemal.

Der Aufbau einer wissenschaftlichen Arbeit

Der Aufbau hängt stark von deiner Fachrichtung ab. In der Regel besteht eine wissenschaftliche Arbeit aus

- einem Titelblatt, das du nach Vorgaben des Studiengangs anlegst,
- einem Inhaltsverzeichnis mit der Übersicht deiner Kapitel,
- einer Einleitung, in der du deine Fragestellung erläuterst und gegebenenfalls den aktuellen Forschungsstand skizzierst,
- einem Hauptteil, in dem du deine Fragestellung bearbeitest,
- einem Fazit, in dem du deine Ergebnisse zusammenfasst
- sowie einem Quellenverzeichnis.

Mitunter kann es notwendig sein, ein zusätzliches Abbildungsverzeichnis zu erstellen oder Anhänge (Bilder, Tabellen, empirisch erarbeitete Ergebnisse) anzufügen.

Sofern du in deiner Arbeit Abkürzungen verwendest, die nicht ohne Weiteres verständlich sind, kannst du zudem ein Abkürzungsverzeichnis erstellen, das zumeist der Arbeit vorangestellt wird.

Aber was war das doch gleich mit dem Zitieren?

Grundsätzlich gilt: Alles in deiner Arbeit, was du dir nicht selbst ausgedacht hast, ist ein Zitat. So einfach, so kompliziert. Tatsächlich unterscheidet man zwei Arten von Zitationen:

Das direkte Zitat Das direkte Zitat ist ein wörtliches Zitat: Hier übernimmst du den exakten Wortlaut aus einer anderen Publikation.

Sollte die direkt zitierte Passage nicht allzu lang sein, kennzeichnest du sie lediglich durch öffnende und schließende „Anführungszeichen" und setzt anschließend deinen Kurzbeleg mit der Quellenangabe. Längere Passagen ab ca. drei Zeilen werden in den meisten Fällen typographisch abgesetzt – mach' dich hier mit den Regelungen deines Studiengangs vertraut. Soweit nicht anders verordnet, verfährst du wie folgt:

- Die direkt zitierte Passage steht in einem eigenen Absatz mit etwas Abstand oberhalb und unterhalb
- Ein wenig Einzug vom rechten und linken Seitenrand
- Schriftgröße ca. 2 Punkt kleiner als die Normalschrift
- Einfacher Zeilenabstand
- Keine gesonderte Kennzeichnung durch Anführungszeichen!

> Das sieht dann ungefähr so aus. Dies ist nur ein Beispielabsatz, um dir zu zeigen, wie du mit längeren direkten Zitaten verfährst. Am Ende des Zitats musst du selbstverständlich einen Kurzbeleg mit deiner Quelle bringen – dazu kommen wir gleich.

Aber davor betrachten wir noch einmal die zweite wichtige Form des Zitats, die du vermutlich sehr häufig verwenden wirst: das indirekte Zitat.

Das indirekte Zitat Ein indirektes Zitat ist ein sinngemäßes Zitat: Hier gibst du in deinen eigenen Worten Informationsgehalt wieder, den du aus einer anderen Quelle entnommen hast.

Indirekte Zitate bergen immer das Risiko des „versehentlichen" Plagiats: Gedanken, Ideen und Erkenntnisse, die nicht deine eigenen sind, sondern aus fremder Quelle stammen, musst du daher zwingend ebenso wie direkte Zitate mit einer Quellenangabe versehen und so als Zitat kenntlich machen, selbst wenn der Wortlaut aus deiner Feder stammt. Gerade bei Theorie- und Literaturarbeiten kann es also sein, dass längere Passagen aus indirekten Zitaten bestehen. Das ist vor allem zu Beginn eines Studiums unvermeidlich und dient auch der wissenschaftlichen Unterfütterung deiner Arbeit. Je weiter dein Studium voranschreitet und je höher dich die zu verfassende Arbeit qualifizieren soll, desto mehr solltest du aber darauf achten, zunehmend eigene Gedanken und Erkenntnisse zu entwickeln.

Wie gesagt: Beide Formen der Zitate, die direkten wie die indirekten, musst du in deiner Arbeit kenntlich machen! Beide Formen kennzeichnest du mit einem Zitatbeleg, in dem du die Quelle angibst. Hier gibt es abermals zwei Arten:

Zitieren mit Fußnoten Die kleinen, hochgestellten Ziffern werden ans Ende des Zitats oder der zitierten Passage gesetzt; in der Fußzeile der Seite finden sie sich wieder. Hier fügst du deinen Beleg ein. Häufig wird dieses Verfahren auch als „deutsche Zitierweise" bezeichnet.

Wenn du mit Fußnoten arbeiten möchtest, Verwende immer (!) die automatische Fußnotenfunktion deines Textverarbeitungsprogramms, setze die Ziffern niemals (!) manuell. Automatische Fußnoten haben den Vorteil, dass sich die Bezifferung automatisch anpasst und aktualisiert, wenn du beispielsweise weitere Fußnoten dazwischen fügst. Gerade bei längeren Arbeiten wirst du dieses Feature nicht mehr missen wollen.

Zitieren im Text Anstelle von Fußnoten kannst du die Quellenangabe auch in Klammern direkt in deinen Fließtext setzen. Diese Zitierweise wird auch „amerikanische Zitierweise" oder „Harvard-System" genannt.

Welche der beiden Zitierweisen du verwenden solltest, hängt von den Richtlinien deiner Fakultät oder deines Studiengangs ab. Solltest du hier freie Wahl haben, dann überlege dir gut, was für deine Art von Arbeit passender ist. Mitunter werden die Zitierbelege im Fließtext als störend empfunden; ein zu großer Fußnotenapparat am Ende der Seite wirkt aber auch nicht unbedingt elegant. Möglicherweise benötigst du Fußnoten zudem für einen weiteren Zweck als für die Platzierung von Zitierbelegen: Hinweise und Anmerkungen, die im Fließtext nur sekundäres Gewicht haben, aber nicht fehlen sollten, kannst du hier unterbringen.

Ein Zitatbeleg: Wie sieht das aus? Auch das hängt in erster Linie von den Vorgaben deines Studiengangs ab. Zumeist wird so verfahren, dass in den Zitatbelegen (in den Fußnoten oder in Klammern im Text) nur ein sogenannter Kurzbeleg angeführt wird: Dieser besteht in der Regel aus dem Nachnamen des Urhebers, dem Erscheinungsjahr der Quelle und einer Seitenzahl (sofern es sich um ein Print-Werk handelt).

Zitierst du also den Autor Max Mustermann aus seinem 2023 erschienenen Werk, Seite 34, in direkter (wörtlicher) Zitierweise, dann kann dein Zitierbeleg folgenderweise aussehen:

- *Deutsche Zitierweise mit Fußnote:* „Das richtige Zitieren ist das A und O des wissenschaftlichen Arbeitens."[1]
- *Harvard-Zitierweise im Text:* „Das richtige Zitieren ist das A und O des wissenschaftlichen Arbeitens" (Mustermann, 2023: 34).

Bei indirekten Zitaten setzt du dem Kurzbeleg ein „vgl." (= „vergleiche") vorweg:

- *Deutsche Zitierweise mit Fußnote:* Mustermann behauptet, der Kern wissenschaftlichen Arbeitens bestünde in der richtigen Zitierweise.[2]
- *Harvard-Zitierweise im Text:* Mustermann behauptet, der Kern wissenschaftlichen Arbeitens bestünde in der richtigen Zitierweise (vgl. Mustermann, 2023: 34).

Seltener wird verlangt, in der deutschen Zitierweise mit Fußnoten die vollständige Quelle mit Titel, Erscheinungsort und Verlag anzugeben.

Es gibt zahlreiche Zitierstandards bzw. Zitierstile, die die genauen Bestandteile und die genaue Interpunktion der Belege vorschreiben. Diese gestalten sich teilweise fachspezifisch: Während die deutsche Zitierweise häufig in den Geisteswissenschaften verwendet wird und hier auch nicht selten zumindest im ersten Fußnotenbeleg die vollständige Quelle angegeben werden soll, hat sich beispielsweise der Zitierstil der American Psychological Association (APA) als sogenannte „APA-Zitierweise" mittlerweile nicht nur im Bereich der Psychologie, sondern auch in den Kommunikations- und Sozialwissenschaften als gängig etabliert. Eine weitere Variante, die eher in den Naturwissenschaften und der Technologie zum Einsatz kommt, ist das sogenannte Numerische System, in dem du jeder deiner Quellen eine Nummer zuweist und diese Nummer im Kurzbeleg angibst.

Wenn du ein Literaturverwaltungsprogramm verwendest, kannst du den Zitierstil auswählen, in deiner laufenden Arbeit verwenden und auch im Nachhinein noch automatisch anpassen. Das Wichtigste ist, dass du in der

---

[1] Mustermann (2023, S. 34).
[2] Vgl. Mustermann (2023, S. 34).

Form einheitlich bleibst und sämtliche Belege im gleichen Stil hältst. Und wie immer gilt: Die Vorgaben deines Studiengangs haben Vorrang!

Sollte dein Studiengang dir bezüglich des Zitierstils freie Wahl lassen, überlege dir, welcher Stil für deine verwendeten Quellen Sinn macht. Solltest du beispielsweise viele Websites zitieren, die keinen Autorennamen aufweisen, dann macht es möglicherweise Sinn, einen Stil zu wählen, der einen Kurztitel mit anführt. Grundsätzlich geraten die meisten gängigen und standardisierten Zitierstile an ihre Grenzen, wenn du viel aus der Social Media oder aus Kurznachrichtendiensten zitierst. Prüfe grundsätzlich, ob diese Quellen für deine Arbeit wirklich unerlässlich sind. Wenn ja, kläre rechtzeitig ab bzw. mache dir Gedanken, welche Urheber- und Publikationsdaten du sinnvollerweise anbringen kannst. Sollte deine Arbeit mehrere Zitierbelege aufweisen, die lauten „Sweetie2003 auf TikTok, Datum unbekannt", dann lohnt es sich ganz sicher, anstelle der formalen Zitierbelege die Quelle in anderer Form innerhalb deines Textflusses zu umschreiben.

Was bedeutet „ebd."? Manche Richtlinien sehen vor, dass eine in der Fußnoten-Zitation mehrfach in Folge verwendete Quelle nur im ersten Kurzbeleg genannt wird, anschließend kennzeichnet die Nennung „ebd." (= „ebenda"), dass es sich um die gleiche Quelle handelt wie in der unmittelbar vorangegangenen Fußnote.

Kann ich auch Bildquellen zitieren? Natürlich. Abbildungen kannst du immer dann in deine Arbeit einfügen, wenn sie zum Verständnis deiner Inhalte beitragen oder beispielsweise Sachverhalte grafisch darstellen (so auch Tabellen oder Grafiken). Vermeide grundsätzlich rein dekorative Abbildungen, die nur der Illustration dienen – dies hat in einer wissenschaftlichen Arbeit keinen Mehrwert und auch nichts verloren.

Wenn du Abbildungen verwendest, dann achte zunächst darauf, dass es sich um ausreichend aufgelöste Bilder handelt. Abbildungen, die du von Websites herunterkopierst, reichen für den Druck in der Regel nicht aus.

- Beziehe dich unbedingt in deinem Text auf die Abbildung, um ihren Sinn zu erklären, und füge sie an geeignete Stelle ein.
- Die Abbildung erhält eine Nummerierung („Abb. 1", „Abb. 2" etc.) und eine sinnvolle Bildunterschrift.
- Auch Abbildungen musst du mit einer Quellenangabe belegen! Wenn du nur wenige Abbildungen verwendest, kannst du die Quelle direkt unter die Abbildung platzieren.

- Bei mehreren Abbildungen lohnt sich vermutlich ein Abbildungsverzeichnis am Ende deiner Arbeit (dieses wird nach dem Literaturverzeichnis platziert – darauf kommen wir noch zu sprechen).
- Wenn du Abbildungen selbst erstellt hast, beispielsweise Grafiken, dann nennst du als Quelle: „Eigene Darstellung". Wenn du die Abbildung auf Grundlage von fremden Daten erstellt hast, musst du dies ebenfalls kenntlich machen: „Eigene Darstellung nach Mustermann 2023".

Das Quellenverzeichnis

Ans Ende deiner Arbeit gehört immer ein Verzeichnis aller (!) Quellen, die du in deiner Arbeit verwendet hast. Das sind diejenigen Quellen, die du in deiner Arbeit zitiert hast (direkt oder indirekt). Weiterführende Literatur, die zwar thematisch passt, die du aber nicht verwendet hast, gehört also nicht ins Quellenverzeichnis.

Auch für das Quellenverzeichnis gilt, dass du zuallererst in Erfahrung bringen solltest, ob dein Studiengang bestimmte Vorgaben macht. Ansonsten gilt die Regel, dass du deine Quellen alphabetisch sortierst, und zwar nach Nachnamen der Urheber, und dann folgende bibliographische Angaben anführst:

- Bei Print-Quellen
  - Nachname, Vorname: Titel. Untertitel (ggf. Reihenname Reihennummer). Auflage (ab der 2. Aufl.). Verlagsort: Verlag Erscheinungsjahr.
  - *oder*
  - Nachname, Vorname (Erscheinungsjahr): Titel. Untertitel. Auflage (ab der 2. Aufl.). Verlagsort: Verlag (= ggf. Reihenname Reihennummer).
- *Bei Online-Quellen*
  - Nachname, Vorname: Titel des Artikels, Beitrags oder der Unterseite. Datum der Veröffentlichung. URL: Angabe der URL [Zugriff: tt.mm.jjjj].
  - *oder*
  - Name, Vorname (Datum der Veröffentlichung): Titel des Artikels, Beitrags oder der Unterseite. URL: Angabe der URL [Zugriff: tt.mm.jjjj].

Bei Online-Quellen ist es zwingend notwendig, dass das Zugriffsdatum mit angegeben wird. Dabei handelt es sich um das (tagesgenaue) Datum, an dem du die Seite zuletzt besucht hast – also nicht zu verwechseln mit dem

Datum der Veröffentlichung, dass du ebenfalls angeben musst! Das World Wide Web unterliegt schnellen Veränderungen und es kommt nicht selten vor, dass eine URL, mit der du gearbeitet hast, bereits zum Termin der Einreichung deiner Arbeit nicht mehr valide ist. Sollte zusätzlich zur URL ein DOI existieren (siehe Abschnitt „*Was sind ISBN, ISSN und DOI?*"), verhält es sich anders: Mit DOI versehene Publikationen bleiben beständig unter der jeweiligen Nummer zugriffssicher.

Was mache ich mit Aufsätzen aus Sammelbänden oder Zeitschriftenartikeln? In diesem Falle handelt es sich um sogenannte „unselbstständig erschienene" Literatur. Anders als bei „selbstständig erschienener" Literatur, in der du den Autor oder auch mehrere Autorinnen auf dem Buchcover findest, hast du bei Zeitungs- oder Zeitschriftenartikeln oder Sammelbänden noch weitere Herausgeber oder zusätzliche (Zeitschriften-)Titel, die du nennen musst. Das sieht dann in der Regel so aus:

- Nachname, Vorname: Titel. Untertitel. In: Name, Vorname (Hrsg.): Titel. Untertitel (ggf. Reihentitel Reihennummer). Auflage. Verlagsort: Verlag Erscheinungsjahr, S. X–Y.
  oder
- Nachname, Vorname (Erscheinungsjahr): Titel. Untertitel. In: Name, Vorname (Hrsg.): Titel. Untertitel. Auflage. Verlagsort: Verlag (= Reihe), S. X–Y.

Um dir hierzu einmal ein rein fiktives Beispiel zu geben:

- Musterfrau, Maria: Wie ich wissenschaftliches Arbeiten erlernt habe. Ein Erfahrungsbericht. In: Mustermann, Max (Hrsg.): Wissenschaftliches Arbeiten. Eine Einführung. 9., vollst. überarb. Auflage. Musterstadt: Musterverlag 2023, S. 89–100.
  oder
  Musterfrau, Maria (2023): Wie ich wissenschaftliches Arbeiten erlernt habe. Ein Erfahrungsbericht. In: Mustermann, Max (Hrsg.): Wissenschaftliches Arbeiten. Eine Einführung. 9., vollst. überarb. Auflage. Musterstadt: Musterverlag, S. 89–100.

Und was mache ich bei Online-Quellen ohne namentlich genannte AutorIn? Prüfe genau, ob du diese Quelle wirklich verwenden musst. Wenn es sich nicht vermeiden lässt, dann schau ins Impressum der Seite, wer der Betreiber ist – hier findest du in der Regel auch das Datum des letzten

Updates. Im Fall des Falles kannst du auch den Namen der Website anstelle des Autorennamens angeben, also beispielsweise „faz.net".

Kann ich vorgefertigte Zitierlinks aus dem Web verwenden? Vor allem wissenschaftliche Websites bieten sogenannte Zitierlinks an: Mit einem Klick kannst du die bibliographischen Angaben der Quelle in deine Zwischenablage kopieren oder auch in dein Zitationsprogramm einspeisen. Das ist sehr wertvoll und hilfreich, nur solltest du darauf achten, dass du das korrekte Format in deine Arbeit überträgst: Nicht alle automatisch generierten Zitierlinks entsprechen der Form, die du in deiner Arbeit verwendest! Achte hier – wie immer – unbedingt auf Einheitlichkeit innerhalb deiner Arbeit.

Was sind ISBN, ISSN und DOI? Hierbei handelt es sich um Identifikationsnummern für gedruckte oder digitale Werke. Bei der ISBN handelt es sich um die „International Standard Book Number", die selbstständig erschienenen Printwerken zugeordnet wird. Mit der ISSN („International Standard Serial Number") werden Zeitschriften und Periodika eindeutig gekennzeichnet. Diese Nummern gehören normalerweise nicht ins Quellenverzeichnis.

Anders sieht es mit dem DOI aus: Dabei handelt es sich um den „Digital Object Identifier". Ähnlich wie ISBN und ISSN ist auch der DOI eine eindeutige numerische Kennzeichnung eines Werks, das allerdings digital erschienen ist. Manche Richtlinien sehen vor, dass der DOI im Quellenverzeichnis mit angeführt wird.

Die gängigen Literaturverwaltungsprogramme bieten Funktionen, über ISBN, ISSN und DOI die zugehörigen bibliographischen Daten abzurufen.

Die richtige „Kosmetik"

Achte neben aller Gewissenhaftigkeit beim wissenschaftlichen Arbeiten auch immer mit darauf, dass dein Dokument ordentlich aussieht und den Vorgaben deines Studiengangs entspricht. Letztere einzuhalten kann gerade Anfängern Schwierigkeiten machen, da Textverarbeitungsprogramme wie Microsoft Word, Open Office oder Libre Office über eine Menge Funktionen verfügen, die im Alltagsgebrauch wenig bis nie zur Anwendung kommen, für die richtige Dokument- und Textformatierung aber notwendig sind. Bei richtiger Anwendung können dir diese digitalen Helferlein die Erarbeitung und Gestaltung deiner wissenschaftlichen Arbeit enorm erleichtern. Einige der wichtigsten Funktionen liste ich dir im Folgenden auf.

Seitenränder, Kopf- und Fußzeilen, Seitenzahlen Nicht nur die Breite der Seitenränder kannst du in deinem Dokument voreinstellen, sondern auch die Höhe der Kopf- und Fußzeilen: Dabei handelt es sich um den freien Seitenbereich, der sich oberhalb bzw. unterhalb deines Textes befindet. Wenn du die automatische Seitennummerierung aktivierst, kannst du die Position der Seitenzahlen sowie deren Formate bestimmen.

Schau dir die automatischen Absatz- und Zeichenformate an Hast du schon einmal erlebt, dass du einen Teil deines Textes fetten möchtest, und auf einmal wird der Text des gesamten Dokuments fett? Das hat die (falsche) Verwendung von vorgefertigten Absatz- und Zeichenformaten zur Ursache. Absatzformate bieten eine Art Formatierungsschema, das du mit einem einfachen Klick auf einen ganzen Absatz übertragen kannst. Anders als Absatzformate lassen sich automatische Zeichenformate auch auf einzelne Teile eines Absatzes (also beispielsweise nur einzelne Wörter) anwenden.

Du kannst Absatz- und Zeichenformate bis ins kleinste Detail ändern oder auch selbst neue Formate generieren. Das ist aufwendig und nicht immer ganz selbsterklärend, daher ist mein Tipp, dass du dir an einem ruhigen Tag ein eigenes Muster-Dokument anlegst, das du im Laufe deines Studiums immer wieder verwenden kannst.

Das automatische Inhaltsverzeichnis Das Prinzip der Absatzformate gilt auch für Überschriften. Der Clou: Wenn du deine Überschriften ordentlich mit den automatischen Überschriften-Formaten (Absatzformaten) eingerichtet hast, kann dein Textverarbeitungsprogramm daraus ein Inhaltsverzeichnis generieren, das dir erstens die richtigen Seitenzahlen gleich mitliefert und zweitens einfach per Mausklick jederzeit aktualisiert werden kann. Auch den Look des Inhaltsverzeichnisses kannst du ändern.

Ein manuell erstelltes Inhaltsverzeichnis wird in den seltensten Fällen so aufgeräumt aussehen wie ein automatisch generiertes – probiere es einmal aus.

Verwende ausschließlich automatische Fußnoten! Wie bereits geschrieben: Diese Funktion ist unschlagbar. Manuell gesetzte Fußnoten machen dir das wissenschaftliche Arbeiten ganz schnell unnötig schwer; die automatische Fußnotenfunktion ist hingegen ein absoluter Mindeststandard in deinem Dokument.

Zu guter Letzt

Nimm dir immer genug Zeit für die Vorbereitung deiner Arbeit. Manch eine oder einer fährt zwar unter Zeitdruck zu Höchstleistungen auf, aber in Windeseile noch in Erfahrung zu bringen, wie die Rechercheportale der Universitätsbibliothek, das hauseigene Textverarbeitungsprogramm oder die neu angeschaffte Literaturverwaltungs-Software funktionieren, ist den wissenschaftlichen geistigen Ergüssen sicher nicht förderlich.

Vermeide es zudem, Hausarbeiten abzugeben, die du nicht entweder noch einmal selbst mit etwas zeitlichem Abstand korrekturgelesen hast oder aber von einer Person deines Vertrauens hast gegenlesen lassen. Nach einer Weile am PC sieht man häufig den Wald vor lauter Bäumen nicht mehr und kann, wenn man zu tief in der Arbeit drinsteckt, auch offensichtliche Fehler oder Unstimmigkeiten leicht übersehen.

Ich wünsche dir viel Erfolg bei deiner wissenschaftlichen Arbeit!

9

Schritt 8: Schreibphase meistern

Inhaltsverzeichnis

Vorab Extra-Infos für die Masterarbeit	175
Ihre Zeit knallhart einteilen	175
Was mache ich wann?	178
Was, wenn ich nicht mit Plänen arbeiten kann?	180
Schreibblockade: Was tun?	181
Was, wenn ich nicht weiß, was ich schreiben soll?	183
Was ist, wenn ich schlechte Laune bekomme?	183
Ich hänge in der Zeit, was tun?	184
Keine Zeit mehr fürs Korrekturlesen?	184

Hier habe ich Midjourney gebeten, mir Folgendes zu malen: How can I positively deal with time running out? ... Der Tipp von Midjourney (oben) war möglicherweise genial ... aber für mich leider eher unverständlich: D . Für den Fall, dass Sie auch gerne noch ein paar andere Tipps hätten, habe ich das jetzt folgende Kapitel für Sie geschrieben.

In diesem Abschnitt sprechen wir darüber, wie Sie Ihre Arbeit gut einteilen und in der vorgeschriebenen Zeit stressfrei fertigstellen können. Das passiert nicht automatisch, lässt sich aber durch ein paar Tricks positiv beeinflussen.

Vorab Extra-Infos für die Masterarbeit

Eine Masterarbeit umfasst 6 Monate. Das klingt erstmal so lange, dass viele es entspannt angehen. Großer Fehler. Denn jede verlorene Woche wird Ihnen später teuer zu stehen kommen und Stress verursachen.

Mit dem Augenblick der Anmeldung geht es los. Die Fahrgeschwindigkeit sollte die ganze Zeit über dieselbe wie in Ihrer Bachelorarbeit betragen, wenn Sie verstehen, was ich meine. Von Anfang an sollten Sie einen Zeitplan erstellen und sich daran halten. Denken Sie niemals „Ach, ich habe ja noch massig Zeit", denn diese Zeit brauchen Sie auch. Für Literaturrecherche, für das Anschreiben von Interviewpartnern und -partnerinnen, für die Auswertung größerer Datensätze …

Daher bitte folgen Sie den Vorschlägen in meinem jetzt kommenden Kapitel, und teilen Sie sich Ihre Zeit von Anfang an streng ein. Dann werden Sie entspannt zum Ziel kommen. Ich werde Sie unten auch immer mal wieder explizit erwähnen, und falls nicht, ersetzen Sie die 3 Monate bitte einfach durch 6 – das bekommen Sie hin.

Ihre Zeit knallhart einteilen

Wenn Sie eine begrenzte Zeit haben, seien es drei oder sechs Monate, dann sollten Sie diese Zeit nicht einfach auf sich zukommen lassen. Sie sollte nicht davon ausgehen, dass Sie jeden Tag die Schreibsucht überkommt, die Muse küsst, oder Sie einfach wahnsinnig Lust haben werden aufs Schreiben. Denn so ist es im Normalfall (leider) nicht. Was es daher braucht: Eine gute Zeitplanung und ein gutes Durchhaltevermögen.

Macht Ihnen das Sorgen? Macht es Ihnen Angst? Das sollte es keinesfalls. Es ist wirklich einfach und Sie müssen nur den inneren Schweinehund ein kleines bisschen überwinden und wirklich jeden Tag dranbleiben. Wie geht das genau?

Sie nehmen sich ein Blatt Papier. Machen Sie das doch gleich jetzt mal. Dann schreiben Sie auf, an welchem Tag Sie planen, ihre Arbeit anzumelden.

Teepause Schreibphase – Zeitplanung grob

Schauen Sie in Ihren Kalender. Beantworten Sie ganz konkret folgende Fragen:
- Wann wäre bei Ihnen ein mögliches Startdatum für Ihre Arbeit oder wann haben Sie gestartet?
- Was sind dann Ihre drei oder sechs Monate Schreibphase? Wann wäre grob der Abgabetermin?

Schreiben Sie sich eine erste Möglichkeit einmal konkret auf Ihr Blatt Papier auf. Startdatum, Arbeitszeit, also eine Zeit von A bis B, Abgabedatum.

Gibt Ihre Hochschule oder Universität Ihnen das Abgabedatum auf einem Formular an? Haben Sie schon ein Abgabedatum? Dann vergleichen Sie, dass Sie es sich richtig notiert haben. Nichts ist ärgerlicher, als wenn man die Deadline um wenige Tage verpasst.

Jetzt wissen Sie, wo ihr Abgabedatum ist oder sein kann. Sie kennen also den Zeitraum dazwischen. Sie wissen auch, wie viele Seiten Sie in diesem

Zeitraum verfassen müssen. Dies ist in den meisten Hochschulen, Universitäten oder Einrichtungen vorgeschrieben.

> **Teepause Zeitplanung – Zeitplanung im Detail**
>
>
>
> Nehmen Sie einen Taschenrechner zur Hand. Rechnen Sie genau aus, wie viele Wochentage, also Tage ohne Samstage und Sonntage, Sie in Ihrem Zeitraum zur Verfügung haben. Wenn Sie schon gestartet haben, berechnen Sie, wie viele Tage Sie ab morgen noch zur Verfügung haben. Für einen dreimonatigen Zeitraum sind das ab Beginn in der Regel circa 60 Tage, bei sechs Monaten circa 120.
>
> Erstellen Sie sich nun auf Papier oder in einem Tabellenprogramm eine Tabelle mit zwei Spalten und vielen Zeilen von ca. 2 cm Breite. Meine Empfehlung ist, dass man ein Papier nimmt, das man wirklich in die Hand nehmen oder an die Wand hängen kann, aber Excel geht natürlich auch.
>
> In Ihre Tabelle tragen Sie nun alle Tage einzeln ein, ein Tag pro Zeile, mit Tag und Datum. Und da Sie zwei Spalten haben, können Sie unten am Blattende in die zweite Spalte dann weitere Tage eintragen. Ich füge Ihnen hier mal ein Beispiel ein:
>
> | Datum | TO DO | Datum | TO DO |
> |---|---|---|---|
> | … | | Di 19.4. | |
> | Mo 11.4. | | Mi 20.4. | |
> | Di 12.4. | | … | |
> | Mi 13.4. | | … | |
> | … | | | |
> | Mo 18.4. | | | |
>
> Jetzt haben Sie eine Zeile pro Tag. In diese Zeile tragen Sie ein, was Sie an diesem Tag zu tun planen. Beispielsweise könnte das sein, drei Seiten zu schreiben. Es könnte auch sein, ihre Untersuchung ein Stück weiter voranzutreiben. Versuchen Sie, zu quantifizieren. Schreiben Sie nicht nur, dass Sie an etwas arbeiten wollen. Schreiben Sie auch dazu, wie viel Sie an dem Tag erreichen wollen.

> Sind es einige geschriebene Seiten der Einleitung? Wenn ja, wie viele? Ist es eine Datenerhebung? Wenn ja, was genau wollen Sie an dem Tag machen und wie viel?
>
> Um das detailliert aufschreiben zu können, sollten Sie sich Ihre Zeit zunächst nochmal grob aufteilen in „Zeit für die Einleitung", „Zeit für die Durchführung" und „Zeit für Auswertung und Fazit/Korrektur".

Was mache ich wann?

Nach meiner Erfahrung hat es sich bei meinen Studierenden bewährt, mit der Einleitung teilweise anzufangen, daneben aber die Untersuchung durchzuführen. Manche starten auch einfach mit der Untersuchung.

Die Untersuchung kann alles Mögliche sein, wie Sie in Schritt zwei in diesem Buch erfahren haben. Es können Interviews sein, das Erstellen einer Umfrage, das Auswerten von Internetseiten oder Büchern oder Experimenten und vieles mehr.

Wenn Sie von Anfang an (auch) mit der Durchführung beginnen wollen, was ich Ihnen nach meiner Erfahrung durchaus empfehlen kann, dann überlegen Sie, wie viel Zeit Sie dafür in Tagen brauchen, und auch wie viel Zeit pro Tag.

Ein Beispiel: Sie wollen Webseiten über einen Zeitraum von sechs Wochen jeden Tag ansehen und auswerten. Für die Auswertung, also ihre Datenerhebung, brauchen Sie jeden Tag etwa 1 h.

Dann können Sie nun auf Ihr DIN-A4-Blatt mit Ihrem Tages-Grit jeden Tag 1 h eintragen, in der Sie Ihre Daten erheben werden. Schreiben Sie das ganz konkret rein.

Wenn Ihre Datenerhebung so regelmäßig ist, und dabei pro Tag nur wenig Zeit verbraucht, sollten Sie von Anfang an parallel auch an Ihrer Einleitung arbeiten. In einem vorherigen Schritt hatten wir ausgerechnet, wie viele Seiten ihre Einleitung haben wird und welche Themen darin vorkommen, beziehungsweise wie viele Seiten pro unter Thema in etwa zugeteilt sind. Diese Vorarbeit wird nun nützlich.

Jetzt können Sie die geplanten Seiten Ihrer Einteilung auf Ihre vorgesehenen Arbeitstage verteilen. In meiner Tabelle stand dann beispielsweise:

- Montag, 3.2.: Einleitung Seite 1 und 2, Thema: dieses und jenes.
- Dienstag: Seite 3–5, Thema…

Wenn Sie das in diesem Detailgrad aufschreiben und sich selbst auch dazu zwingen, sich jeden Tag ehrlich und ernsthaft bemüht hinzusetzen, um genau diese Seiten zu schreiben, dann gibt Ihnen dies Sicherheit, Zuversicht und auch Freizeit.

Warum gibt Ihnen das strenge Einhalten Ihres Plans sonnige Freizeit und verdient einen Sonnen-Banner? Weil Sie sich dann darauf verlassen können, dass Sie an keinem Tag *mehr* machen müssen, als genau das, was geplant ist. An manchen Tagen wird Ihre Arbeit mehrere Stunden dauern, an manchen Tagen vielleicht nur eine halbe Stunde. Das können Sie vorher nicht wissen. Aber: Schön für Sie! Dann ist für Sie an manchem Tag die Arbeit nach einer halben Stunde beendet. Sie arbeiten dann auch nicht *vor*! Ich würde davon abraten. Sie arbeiten wirklich nur das Pensum, das Sie sich für jeden Tag eingeplant haben.

Rechnen Sie aus, dass Sie in Ihrem Einleitungs-Schreib-Zeitraum (wir haben doch eine seltsame Sprache) und in dem Zeitraum für Ihre Auswertung wirklich Ihre Seitenzahl schaffen. Planen Sie idealerweise auch eine Puffer-Zeit von etwa einer Woche ein. Rechnen Sie also nicht bis zum letzten Abgabetag, sondern auf ein Datum etwas früher hin.

Nehmen wir noch ein anderes Beispiel.

Sie haben als Methode „Interviews" gewählt (unsere Methode 2 in Schritt 1 dieses Buches, für die, die nochmal etwas dazu nachlesen möchten).

Dann planen Sie Zeit für Ihre E-Mails oder Akquise-Anrufe ein. Tragen Sie ein, wann das Interview stattfinden wird. Planen Sie Zeit für die Auswertung des Interviews ein. Wie lange haben solche Auswertungen in ihrer Erfahrung gedauert?

Planen Sie ein, jeden Tag ein wenig Zeit für die direkt mit dem Interview verbundenen Dinge zu investieren, die Vorarbeit, das Interview, die Transkription, die Kodierung und Auswertung. Wenn möglich, arbeiten Sie auch hier parallel an Ihrer Einleitung.

Idealerweise finden das Durchführen und das Verfassen der Einleitung parallel statt. Planen Sie dafür Zeit ein. Wenn Sie diesen Zeitplan direkt zu Beginn Ihrer Arbeitsphase, also zu Beginn der 3 oder 6 Monate, erstellen, dann haben Sie noch eine große Zahl an Tagen zur Verfügung. Sie haben dann den Luxus, Ihre Wochenenden nicht mitzählen zu müssen. Daher hat sich die solide Vorbereitung in Schritt 1–5 für Sie dann gelohnt.

Wenn Sie nur noch wenig Zeit zur Verfügung haben, dann teilen Sie sich eben diese Zeit jetzt ganz streng ein. Nehmen Sie dann die Wochenendtage mit dazu. Es ist nie zu spät, einen strengen Zeitplan aufzustellen und sich daran zu halten. Am Ende jedes Tages sollten Sie Ihre Zeile grün abhaken, wenn Sie Ihr Pensum geschafft haben. In meiner Erfahrung schafft man das geplante Pensum immer, und die Anzahl der grünen Häkchen wächst und stärkt ihr Selbstvertrauen.

Was, wenn ich nicht mit Plänen arbeiten kann?

Sie arbeiten nicht gerne mit Plänen oder halten sich selbst nicht daran? Sie glauben nicht an diese Methode? Lassen Sie es mich möglichst freundlich sagen: Papperlapapp! Sie werden es diesmal genauso machen.

Es hat sich bei meinen Studierenden mehr als bewährt, genauso vorzugehen. 95 % meiner Studierenden schaffen es, die Arbeit mit Erfolg fertig zu stellen und rechtzeitig abzugeben. Die wenigen, die es nicht geschafft haben, hatten jenseits der Zeitplanung andere schwerwiegende Herausforderungen. Also los!

Nehmen Sie drei DIN-A4-Blätter, berechnen Sie, wie viele Seiten Sie in welchem Zeitraum schreiben wollen, teilen Sie die Seitenzahl durch die Anzahl der zur Verfügung stehenden Tage, und tragen Sie diese Zahl pro Tag als Zielwert für sich ein. Nach meiner Erfahrung ist es durchaus möglich, an einem Tag bis zu fünf gute Seiten zu schreiben, oder schlimmstenfalls zehn weniger gut recherchierte Seiten.

Was ist mit dem Aufschreiben der Methode und der Ergebnisse? Dies findet nach meiner Empfehlung parallel zum Verfassen der Einleitung statt! Das heißt, dass Sie etwa ab dem Abschluss des ersten Drittels auch beginnen sollten, Ihre Methode zu erläutern, Ihre Daten aufzubereiten, und das entsprechende methodische Kapitel zu schreiben.

Sobald Ihre Ergebnisse vorliegen, schreiben Sie diese parallel zu ihrer Auswertung auf. Ja, es ist für all das ein wenig Planung nötig. Aber für diese Zeitplanung brauchen Sie idealerweise nur einen konzentrierten Nachmittag. Dann haben Sie einen sauberen Fahrplan und wissen genau, wann sie was tun werden. Können sich Zeiten verschieben? Natürlich. Aber es ist in jedem Fall besser, einen guten Ausgangsplan zu haben, als völlig planlos in ihre Schreibphase hinein zu steuern. Daher meine Empfehlung.: Probieren Sie meine Methode aus. Sie hat zahllosen Studierenden sehr gute Dienste geleistet. Investieren Sie einen Nachmittag mit viel Schokolade und guten Nerven – es wird sich auszahlen.

Schreibblockade: Was tun?

Wie gehe ich mit einer Schreibblockade um? Indem Sie sich nicht fallen lassen. Mithilfe Ihres Plans aus dem vorangehenden Abschnitt wissen Sie, was Sie am jeweiligen Tag zu tun haben.

Es wird gute und schlechte Tage geben. Tage, an denen Sie es kaum schaffen, sich an Ihren Schreibtisch zu quälen. An denen Sie das Tagewerk aufschieben wollen. Aber nein: Das werden Sie sich nicht erlauben! Versprechen Sie mir das.

Es wird andere Tage geben, an denen Sie sich bereits morgens gerne an Ihren Tisch setzen.

Machen Sie von Ihrer Stimmung ihre Tagesleistung abhängig?

Meine Empfehlung: Auf keinen Fall. Sie schreiben an guten und schlechten Tagen genau das, was Sie geplant haben. Und es kann nicht vorkommen, dass Sie eine Zeitverzögerung erzeugen, weil Sie an einem schlechten Tag nicht gearbeitet haben. Das will ich von Ihnen nicht hören, das erlauben Sie sich selbst nicht! (An dieser Stelle kommentierte mein Lektor: „Bist Du streng!" Oh ja. Hier gibt es keine Diskussion. :D)

Was ist, wenn Sie mal krank sind? Dann verschiebt sich Ihr Zeitplan und Sie müssen gegebenenfalls ein paar Wochenendtage dazu nehmen. Wenn Sie diesen Puffer hatten, gelangen Sie also nicht in Schwierigkeiten. Wenn man über längere Zeit krank ist, gibt es formale Möglichkeiten, Verlängerungen zu beantragen. Informieren Sie sich dazu in Ihrer Einrichtung.

Was ist mit Tagen, an denen ich mich wirklich gar nicht motivieren kann? Ich sage es nochmal: Sie arbeiten ihr Pensum durch. An schlechten Tagen dürfen sie dazu Musik anhören, Schokolade essen, erst Ihre Lieblingsserie anschauen… Aber Ihr Pensum wird erledigt. Das sind Sie sich selbst schuldig. Und das sollten Sie sich auch versprechen. Sie sind es wert. Sie lassen sich selbst nicht hängen.

Wenn es nützt: Schreiben Sie sich einen Zettel, den Sie über Ihren Schreibtisch hängen, darauf steht: Ich bin es mir wert, meine tägliche Arbeit zu schaffen.

Was, wenn ich nicht weiß, was ich schreiben soll?

Was ist, wenn ich nicht weiß, was ich schreiben soll? Durch die gute Planung Ihrer Einleitung in einem der vorhergehenden Schritte, sollten Sie wissen, was Sie in der Einleitung schreiben werden. Wenn Sie meinen Schritt übersprungen hatten, dann gehen Sie zurück und arbeiten Sie diesen Schritt noch einmal durch. Danach haben Sie eine Liste von Themen und Unterthemen, die Sie abarbeiten können.

Zwingen Sie sich dazu, genau Ihrem Fahrplan zu folgen und diese Themen abzuarbeiten. Dann werden sie rechtzeitig zum Ziel kommen.

Was ist, wenn ich nicht weiß, wie ich die Auswertung machen soll? Dafür ist ja Ihr Betreuer oder Ihre Betreuerin da. Gehen Sie zur Sprechstunde. Melden Sie sich bei ihrem Betreuer, ihrer Betreuerin rechtzeitig. Es gibt wirklich keine dummen Fragen, nur Zeitverlust. Trauen Sie sich, Fragen zu stellen. In den allermeisten Fällen ist Ihre Frage berechtigt und Ihr Betreuer oder Ihre Betreuerin wird sich auch freuen, wenn sie oder er Sie unterstützen kann. Nach meiner Erfahrung bewertet man eine Arbeit sogar ein bisschen besser, wenn man als Betreuer oder Betreuerin den oder die Studierende zumindest in Teilen gut begleiten und unterstützen konnte. Das ist ein typisch menschliches Phänomen. Wem ich helfen durfte, den werde ich lieber mögen. Und wir sind schließlich alle Menschen.

Also schreiben Sie nicht nur allein im Kämmerlein, melden Sie sich in einer vernünftigen Frequenz bei Ihrem Betreuer oder Ihrer Betreuerin. Diese oder dieser erwarten das auch und wird es sicherlich gut finden, mit Ihnen in Kontakt zu sein. Wenn Sie unsicher sind, vereinbaren Sie mit Ihrem Betreuer oder Ihrer Betreuerin schon früh eine Frequenz, wie oft Sie und wann Sie vorbeikommen.

Was ist, wenn ich schlechte Laune bekomme?

Wie schaffe ich es, während der Schreibphase gute Laune zu behalten? Machen Sie auch was nebenher! Wann immer Ihr Arbeitspensum des Tages fertig ist, machen Sie etwas vollkommen anderes.

Sie treffen sich mit Freundin und Freundinnen, Sie gehen aus, Sie schauen Ihre Lieblingsserie… Gehen Sie aber wirklich auch mal raus. Es ist nachgewiesen, dass Bewegung und frische Luft positiv zu unserer Stimmung beitragen.

Wenn Sie mal nur sehr kurz am Tag an Ihrer Arbeit gearbeitet haben, aber Ihr Pensum schon fertig ist, dann arbeiten Sie nicht *vor*. Gehen Sie woanders hin, kommen Sie auf andere Gedanken, es wird Sie stärken, am nächsten Tag umso besser wieder weiter zu arbeiten.

Ich hänge in der Zeit, was tun?

Ich habe mich nicht an meinen Plan gehalten und hänge jetzt hinterher, was tun? Verhalten Sie sich so, als wären Sie einige Zeit lang krank gewesen. Zählen Sie nun auch die Wochenendtage mit dazu. Tun Sie alles, was Sie zu Beginn dieses Schrittes von mir gelernt haben. Rechnen Sie aus, wie viele Tage Ihnen noch bis zur Deadline zur Verfügung stehen. Verteilen Sie diese Tage auf die Seiten, die Sie noch schreiben müssen. Idealerweise planen Sie auch hier noch einen Puffer vor dem ernsthaften Abgabedatum ein. Verzweifeln Sie nicht, besser Sie machen das alles genau jetzt als nie: Also, Ärmel hochgekrempelt!

Keine Zeit mehr fürs Korrekturlesen?

Noch etwas zum Zeitplan: Ich habe Arbeiten gesehen, die in letzter Sekunde mit heißer Nadel fertig gestrickt wurden. Darin waren dann so viele Rechtschreibfehler, dass dafür ein notenrelevanter Abzug nötig wurde. Aus Fairness und im Vergleich mit anderen Arbeiten wird Ihr Betreuer oder Ihre Betreuerin dann etwas von Ihrer Note abziehen, was doch wirklich ärgerlich und unnötig ist. Es sollte selbstverständlich sein, alles nochmal durchzulesen, ist es aber nicht. Eine doch relevante Anzahl an Arbeiten landet auf meinem Tisch, in der Sätze nicht fertig geführt wurden oder sich grammatikalische Fehler befinden, die man beim Durchlesen sicher gefunden hätte.

Sie sollten also bitte auch noch Zeit fürs Korrekturlesen einplanen. Hier werden ein paar letzte Puffertage nützlich sein. Idealerweise können Sie sogar noch eine extra Woche am Ende dafür einplanen. Wenn Sie nicht so viel Zeit haben, dann aber bitte mindestens drei Tage. Also planen Sie Zeit ein. Gehen Sie mit einem guten Korrekturprogramm über Ihre Arbeit. Lassen Sie eventuell noch mal jemand anderen darüber lesen. Lesen Sie selbst ihre Arbeit noch einmal! Planen Sie also bitte auch dafür noch etwas Zeit in Ihren Plan ein. Es wird sich in ihrer Note bemerkbar machen.

Das Allerwichtigste: Ihre Zusammenfassung am Anfang der Arbeit und Ihr Fazit am Ende sollten absolut fehlerfrei sein. Die bitte doppelt und dreifach überprüfen.

Und nicht zuletzt nochmal ein zusammenfassender Gedanke: Ihr Plan sollte beinhalten, was Sie alles erreichen wollen. Was nicht drin steht, aber genauso wichtig ist: An jedem Tag sollen Sie bitte genügend Teepausen machen ☺. Sie wussten, dass ich das sagen würde. Es ist kein Sprint, sondern ein Marathon. Immer wieder durchatmen.

10

Schritt 9: Diskussion der Ergebnisse, kritische Reflexion und Ausblick

Inhaltsverzeichnis

Vorab Extra-Infos für die Masterarbeit	189
Themen für Ihre Diskussion	189
Kritische Fragen: Konkrete Anleitung	192
Weiterführende Literatur	193

A young man with a telescope and a young woman with another telescope both look into the far distance and a promising future. Awww. Zwar haben sie nur ein Teleskop, aber sie können sich ja abwechseln. In diesem Kapitel wagen wir auch einen Ausblick, um Ihre Arbeit damit abzuschließen.

Im neunten Schritt unserer Checkliste kommt noch einmal etwas auf Sie zu. Hier gilt es nun, kritisch zu überlegen, ob die Menge Ihrer Daten und die Auswahl der Stichprobe sowie die Auswertung insgesamt bestmöglich gelungen sind.

Vorab Extra-Infos für die Masterarbeit

Ähnlich wie bei der Einleitung gilt auch hier, dass Sie beim Ausblick stärker auf Ihre fundiertere Literaturrecherche zurückgreifen. Wo passen Ihre Ergebnisse hin? Was bestätigen sie, was widerlegen sie? Was hat funktioniert, was nicht? Wie stellte sich das in der bisherigen Forschungslandschaft dar?

- *Haben Sie eine neue Methode versucht und es hat nicht geklappt? Ziehen Sie einen Vergleich zu erfolgreicheren Ansätzen.*
- *Haben Sie ein neues Ergebnis bekommen? Wo wurde dieses bereits vermutet? Wo wurde das Gegenteil vermutet? Was bedeuten Ihre Ergebnisse für den aktuellen Stand der Forschung?*
- *Bei weiteren Untersuchungen in Ihrem Thema: Im Rahmen welcher aktuellen Studie oder welcher Forschung könnte man ggf. Solche Erkenntnisse auch zu gewinnen versuchen?*
- *Betten Sie sich bei der Diskussion stärker in die aktuelle Forschungslandschaft ein. Zitieren Sie, wo möglich, aktuelle Forschungsprojekte und -vorhaben. Damit verbinden Sie sich auch zumindest intellektuell mit aktuellen Forschenden – eine sehr gute Grundlage für spätere Gespräche und Zusammenarbeit.*

Ansonsten können Sie nun aber getrost dem folgenden Kapitel nachgehen – denn im Prinzip machen Sie schon dasselbe wie bei der Bachelorarbeit – nur eben breiter und tiefer.

Themen für Ihre Diskussion

Fragen, die sie sich zum Ende Ihrer Arbeit stellen sollten, und über die Sie im letzten Abschnitt schreiben werden, lauten beispielsweise:

- War meine Stichprobe repräsentativ? Oder war sie es nicht, weil ich beispielsweise nur Menschen meines eigenen Umfeldes befragt habe?
- War meine Stichprobe groß genug? Wenn nicht, dann sollten Sie entweder nochmal mehr Daten erheben, wenn das möglich ist. Oder alternativ:
- Begründen Sie Ihre Stichprobe sehr gut. Sie erinnern sich, wir haben es in einem anderen Kapitel bereits einmal erwähnt: Wenn Sie beispielsweise Magazincover auf bestimmte Merkmale untersuchen, und Sie aber nur eine kleine und sehr spezielle Auswahl von zehn Covern untersucht haben, dann wird das Ergebnis in relevanter Weise davon abhängen, welche Cover sie ausgewählt haben. Schon wenn Sie bei zehn Covern nur eines austauschen, wird das Ergebnis möglicherweise ganz anders aussehen. Sie müssen also in so einem Fall die Stichprobe sehr gut begründen. Fragen Sie sich: Haben Sie die Stichprobe genügend begründet? Sonst gehen Sie noch mal zurück und begründen, warum Sie gerade diese zehn Cover ausgewählt haben und warum diese für Ihre Fragestellung relevant sind.
- Fragen Sie sich auch: Haben Sie Ihre Untersuchung zu einem repräsentativen Zeitpunkt durchgeführt? Eine Studentin führte einmal eine Untersuchung auf TikTok in der ersten Januarwoche durch. Da passierte auf den Kanälen relativ wenig. Dürfen wir daraus also verallgemeinern und Rückschlüsse ziehen? Je nachdem, zu welcher Antwort Sie gelangt sind, können Sie nun eines von mindestens zwei Dingen tun: Entweder, Sie gehen noch mal zurück und erweitern Ihren Datensatz. Das könnte heißen, dass Sie noch mal eine oder zwei Wochen investieren, um weitere Daten aufzunehmen (oder eben ein Zeitraum, der zu Ihrer Arbeit passt und machbar ist). Es könnte auch heißen, dass Sie die Stichprobe nochmal vergrößern. Ist dies zeitlich machbar? Dann ist das eine gute Wahl. Haben Sie keine Zeit mehr? Dann sollten Sie an dieser Stelle mindestens Ihre Untersuchung noch einmal kritisch beleuchten. Diskutieren Sie dabei unter anderem die drei Punkte, die ich Ihnen oben genannt habe, also Ihre Auswahl, die Größe Ihrer Stichprobe, den Zeitraum… und gegebenenfalls Weiteres.

Die Antworten auf die obigen Fragen gehören in das Kapitel „Diskussion". In diesem Kapitel sollten Sie kritisch beleuchten, was Sie getan haben, und Vorschläge unterbreiten, wie bei einer erneuten Untersuchung anders vorgegangen werden könnte, beziehungsweise an welcher Stelle Sie selbst etwas anders machen würden.

Im Kapitel „Diskussion" sollten Sie auch überlegen, ob Ihre Auswertung bereits vollständig ist. Ein Beispiel: vielleicht ist eine ihrer Kategorien besonders häufig gemessen worden. Haben Sie auch untersucht, mit welcher anderen oder welchen anderen Kategorien diese Kategorie gehäuft aufgetreten ist? Haben Sie also alle Korrelationen untersucht? Wenn Sie einige untersucht haben, sagen Sie welche. Diskutieren Sie aber auch, ob es möglicherweise weitere Korrelationen gibt, die Sie aus Zeitgründen an dieser Stelle nicht vertiefen untersuchen konnten.

Überlegen Sie aber auch kritisch: Können Sie diese Kategorien vielleicht doch noch analysieren? Es führt zu Punkteabzug, wenn Sie behaupten, dass Sie aus Zeitgründen etwas nicht untersuchen konnten, was aber in Wirklichkeit nur wenig Zeit in Anspruch genommen hätte. Wägen Sie also ab, was Sie noch zu Ihrer Auswertung hinzufügen können, oder bezüglich was Sie kritisch diskutieren, dass man es doch noch hätte untersuchen können.

Ganz wichtig: Bei der Diskussion Ihrer Ergebnisse sollten Sie nicht zu sehr ins individuelle Detail gehen, sondern beleuchten, was bezüglich ihrer Hypothesen herausgekommen ist. Ich gebe ein Beispiel.

Einmal hat eine Studentin in einer Bachelorarbeit bei mir alle erhobenen Daten im Text nochmal in Worten ausformuliert. Dies führte zu einem sehr langen Kapitel, an dessen Ende man nichts verstanden hatte. Denn nicht das Hintereinander-Reihen Ihrer Messergebnisse ist das Ziel – sondern eine kluge Interpretation!

Es hätte völlig gereicht und wäre viel besser und das erwartete Ergebnis gewesen, hätte sie stattdessen die Ergebnisse in visueller Form aufbereitet, sei es als Balkendiagramm, als Tortendiagramm, als Tabelle oder Ähnliches.

Überlegen Sie also: Welche Ihrer Ergebnisse können Sie in Diagrammen, also in visueller Form, zusammenfassen? Welche Ergebnisse müssen Sie im Detail diskutieren?

Es macht absolut keinen Sinn, alle Elemente ihrer Stichprobe und alle erhobenen Daten im Text zu nennen und aufzulisten. Es macht aber viel Sinn, die Vogelperspektive einzunehmen, auf Ihre Daten und Ergebnisse zu schauen und sich zu überlegen:

- Was sehe ich hier eigentlich?
- Was habe ich gelernt?
- Und was habe ich bezüglich meiner Hypothesen verstanden?

Im Diskussionskapitel müssen die Hypothesen nochmals aufgegriffen und diskutiert werden. Sie können dies in einem extra Unterabschnitt tun, indem Sie die Hypothesen als Zwischenüberschriften aufführen und darunter jeweils einen Kommentar einfügen, der sich nun auf ihre Daten bezieht und schlussfolgert, ob sie die Hypothesen bestätigen oder im Rahmen der Untersuchung widerlegen.

Kritische Fragen: Konkrete Anleitung

Wir fassen die kritischen Fragen, die Sie im Diskussionsteil stellen sollen, hier nochmal in einer Übersicht zusammen. Fragen Sie sich:

- Ist ihre Stichprobe groß genug gewesen? Können Sie diese in kurzer Zeit noch etwas vergrößern, wenn es nötig wäre? Musste sie genau so groß sein, wie Sie sie hier gewählt haben, sei es aus Zeit- oder anderen Gründen? Schreiben Sie ein paar Sätze dazu.
- Ist ihre Stichprobe neutral, also *unbiased*? Besitzt sie also keine spezifische Vorauswahl, ist sie wirklich gleichverteilt? Wenn nein, warum nicht? Können Sie das noch ändern? Sollten Sie es ändern? Wenn die Antwort

lautet „Ja, in etwa 1–2 Wochen", dann sollten Sie dies in Betracht ziehen. Ihre Arbeit wird dadurch an Qualität gewinnen. Wenn nein, dann begründen Sie es in ein paar Sätzen.
- Hat Ihre Auswertung funktioniert? Haben Sie bezüglich Ihrer Hypothesen Einsichten gewinnen können?
- Welche Hypothesen konnten Sie gut auswerten? Welche nicht?
- Sind ihre Ergebnisse repräsentativ?
- Wie würden Sie im Rückblick Ihre Untersuchung aufziehen? Genauso? Oder würden Sie etwas verändern? Was wäre das? Schreiben Sie dies an das Ende Ihrer Diskussion, als Ausblick für zukünftige Forschung.

Weiterführende Literatur

Theisen, M. R. (2017). *Wissenschaftliches Arbeiten. Erfolgreich bei Bachelor- und Masterarbeit* (17. Aufl.).

11

Schritt 10: Abschluss, Abgabe und Verteidigung

Inhaltsverzeichnis

Vorab Extra-Infos für die Masterarbeit	197
Worauf Sie achten müssen	197
Ich habe abgegeben – und jetzt?	198
Wenn nötig: Verteidigung vorbereiten	198
Hurra, geschafft!	199
Weiterführende Literatur	199

Für dieses letzte Kapitel bat ich unseren Freund Midjourney, mir das Folgende zu zeigen: Students dancing in the most joyful way an AI can imagine. Ist es nicht erstaunlich, dass die KI uns daraufhin fast nur Frauen gezeichnet hat? Vielleicht ist oben links auch ein Mann zu sehen. Ich hoffe natürlich, Sie alle werden am Ende dieses Kapitels so fröhlich tanzen können, das würde mich sehr freuen.

Auch für den letzten Schritt sollten Sie sich noch etwas Zeit einplanen. Ihre Arbeit muss am Ende korrekt formatiert werden. Dazu schauen Sie bitte auf die Webseite Ihrer Hochschule oder Einrichtung. Manchmal gibt es dort konkrete Vorgaben. Wenn nicht, fragen Sie in Ihrem Prüfungsamt.

Es ist wie bei einem guten Essen: Das Auge isst mit. Wenn Ihre Arbeit inkorrekt formatiert ist, wird es schwer sein, eine Bestnote zu erhalten. Warum also an dieser Stelle Punkte verlieren?

Vorab Extra-Infos für die Masterarbeit

Sie ahnen es: Auch Sie müssen am Ende Ihre Arbeit korrekt formatieren. Das ist wohl keine Überraschung.

Es bleibt mir also nahezu nichts weiter zu sagen, als dass Sie bitte überprüfen, ob für Masterarbeiten an Ihrer Einrichtung spezielle oder abweichende Formalien gelten im Vergleich zu Bachelorarbeiten. Ansonsten folgen Sie jetzt bitte Schritt 10 – und ich wünsche Ihnen viel Glück und Erfolg beim Endspurt!

Worauf Sie achten müssen

Hier eine kompakte Last-minute Checkliste für Sie:

- Achten Sie auf ein korrektes Deckblatt,
- auf eine korrekte Reihenfolge der Kapitel,
- auf korrekte Zitierweise,
- auf einen korrekten Anhang.

Vielleicht gibt es Beispielarbeiten aus Ihrer Fakultät. Fragen Sie Ihren Betreuer oder Ihre Betreuerin danach, wenn Sie es nicht schon früher getan haben sollten.

Vielleicht gibt es auch ein Studentensekretariat oder eine Anlaufstelle für Studierende, wo sie nach Abschlussarbeiten fragen können. Das lohnt sich.

Wenn Sie Ihre Arbeit auch in gebundener Form abgeben müssen, fragen Sie ebenfalls, wie dies genau gewünscht ist. An meiner Hochschule ist es in Ordnung, die Arbeit in einer Druckerei in ganz einfacher Form binden zu lassen, mit einer durchsichtigen Folie als Deckblatt oben und einer Pappe hinten. An anderen Hochschulen mag dies anders sein.

Und ganz wichtig: Bevor Sie die Arbeit in den Druck geben, schauen Sie noch einmal mit Verstand auf die wichtigsten Elemente, das Deckblatt, die ersten Seiten, dass sich insbesondere hier keine Rechtschreibfehler eingeschlichen haben.

Beachten Sie auch den Abgabetermin. Drucken Sie die Arbeit nicht direkt am Abgabetermin. Was ist, wenn gerade dann etwas schief geht? Drucken Sie die Arbeit spätestens ein bis zwei Tage vor Ihrem geplanten Abgabetermin.

Vielleicht möchte Ihr Betreuer oder Ihre Betreuerin die Arbeit auch nur als PDF erhalten? Fragen Sie nach. Auch im Sinne der Nachhaltigkeit ist dies natürlich eine tolle Möglichkeit.

Ich habe abgegeben – und jetzt?

Sie sind soweit, die Arbeit ist gedruckt, sie liegt in Ihren Händen. Geben Sie sie ab und verabreden Sie mit Freundinnen und Freunden etwas, was Sie nach der Abgabe tun. Vielleicht wollen Sie zusammen feiern, zusammensitzen, den Augenblick wertschätzen.

Sie haben etwas Großes geleistet, eine Bachelorarbeit oder eine Masterarbeit fertiggestellt, wochenlang geschrieben und untersucht, das Ganze formatiert, gedruckt oder per PDF gesendet und nun abgegeben.

Halten Sie inne und genießen Sie diesen Augenblick. Sie haben es sich verdient!

Wenn nötig: Verteidigung vorbereiten

Wenn Sie noch eine mündliche Verteidigung vor sich haben, vereinbaren Sie jetzt mit Ihrem Betreuer oder Ihrer Betreuerin einen Termin. Schreiben Sie sich diesen in Ihren Kalender (man gerät nach der Abgabe etwas aus dem Rhythmus, daher erwähne ich das).

Nutzen Sie etwa eine Woche vor der Verteidigung, um Ihre Arbeit noch einmal mit Verstand durchzulesen, damit Sie genau wissen, an welcher Stelle was steht und was Sie geschrieben haben. Machen Sie sich dazu gegebenenfalls Notizen mit Klebezettel.

Wenn Sie bei Ihrer Verteidigung auch weiteres Wissen abgefragt werden, was eher bei Masterprüfungen der Fall sein kann, dann nehmen Sie sich mehr Zeit als nur eine Woche, um sich vorzubereiten. Erstellen Sie sich wieder einen klugen Plan, um sich auf Ihre Verteidigung vorzubereiten.

Sprechen Sie mit Ihrem Betreuer und Ihrer Betreuerin, was in der Prüfung vorkommen und gefragt werden kann. Bereiten Sie sich darauf gut vor.

Wenn Sie zu Beginn Ihrer Verteidigung eine Präsentation halten dürfen, fragen Sie, ob Sie ein paar PowerPoint- oder sonstige Präsentations-Folien dazu vorbereiten dürfen. Es macht einen vorbereiteten und frischen Eindruck, wenn Ihnen zu Beginn Ihrer Verteidigung hier ein schöner Start gelingt.

Hurra, geschafft!

Nun bleibt mir nur noch, Ihnen alles Gute zu wünschen und Ihnen zu gratulieren! Sie haben alle 10 Schritte abgeschlossen. Das verdient zwei Sonnenbanner zur Feier!

Ich hoffe, dass Ihnen alles gut gelungen ist und wünsche Ihnen auch für die weiteren Schritte auf Ihrem Weg viel Erfolg und alles Gute!

Weiterführende Literatur

Heesen, B. (2014). *Wissenschaftliches Arbeiten*. Springer Gabler.

 springer-gabler.de

Der unvergessliche Vortrag – anschaulich, lebendig, motivierend

Jetzt im Springer Shop bestellen:
https://rd.springer.com/book/978-3-658-40018-7

MIX
Papier aus verantwortungsvollen Quellen
Paper from responsible sources
FSC® C105338

If you have any concerns about our products,
you can contact us on
ProductSafety@springernature.com

In case Publisher is established outside the EU,
the EU authorized representative is:
**Springer Nature Customer Service Center GmbH
Europaplatz 3, 69115 Heidelberg, Germany**

Printed by Libri Plureos GmbH
in Hamburg, Germany